高等职业教育应用型人才
培养工程改革创新教材

机械制图习题集

▶▶ 第二版

王彦华　主编
史万庆　蒋永旗　张　庆　副主编

JIXIE
ZHITU
XITIJI

·北京·

内容简介

本习题集与王彦华主编的《机械制图》(第二版)配套使用,采用新的国家标准和有关的技术规定编写,内容与《机械制图》(第二版)同步,习题类型齐全,图片清晰,难易程度适中,任课教师可根据教学实际情况和要求从中选用。本书内容共11章,包括制图的基本知识、几何作图、正投影法与三视图、基本几何体、轴测图、组合体、机件图样画法、标准件与常用件、零件图、装配图、计算机绘图等。

本书可作为工科院校相关专业学生的教材,并可供自学者学习机械制图时使用。

图书在版编目(CIP)数据

机械制图习题集/王彦华主编. —2版. —北京:化学工业出版社,2022.7(2025.7重印)
ISBN 978-7-122-41411-3

Ⅰ.①机… Ⅱ.①王… Ⅲ.①机械制图-高等学校-习题集 Ⅳ.①TH126-44

中国版本图书馆CIP数据核字(2022)第080475号

责任编辑:韩庆利　　　　　　　　　　　　装帧设计:史利平
责任校对:王　静

出版发行:化学工业出版社(北京市东城区青年湖南街13号　邮政编码100011)
印　　装:河北延风印务有限公司
787mm×1092mm　1/16　印张9½　字数247千字　2025年7月北京第2版第3次印刷

购书咨询:010-64518888　　　　　　　　　售后服务:010-64518899
网　　址:http://www.cip.com.cn
凡购买本书,如有缺损质量问题,本社销售中心负责调换。

定　价:29.00元　　　　　　　　　　　　　　　　　　　　版权所有　违者必究

第二版前言

本习题集采用国家标准和有关的技术标准新规定编写，按照学生的认知规律规划教材内容，力求做到内容通俗易懂、由浅入深、由简到繁，突出重点，阐明难点，注重培养学生的动手能力和空间想象能力。

本习题集与王彦华主编的《机械制图》（第二版）教材配套使用，习题内容与主教材同步。习题集中习题类型齐全，难易程度适中，任课教师可根据教学大纲的具体要求从中选用。学生完成本习题集中的练习题和尺规作业时，应做到作图正确、线型流畅、字体工整、图面整洁。

本习题集共 11 章，内容包括制图的基本知识、几何作图、正投影法与三视图、基本几何体、轴测图、组合体、机件图样画法、标准件与常用件、零件图、装配图、计算机绘图等，可供各类工科院校、企业职工培训及自学者学习机械制图时使用。

本习题集由王彦华主编，史万庆、蒋永旗、张庆副主编，参加编写工作的还有张毛焕、王国际、王逸宸、郭振伟、张伟杰。全书由陈哲主审。

由于编者水平有限，书中难免存在不足之处，恳请使用本书的师生和读者批评指正。

编　者

目　录

第 1 章　制图的基本知识 ………………………………………………………………………………… 1
第 2 章　几何作图 ………………………………………………………………………………………… 9
第 3 章　正投影法与三视图 ……………………………………………………………………………… 13
第 4 章　基本几何体 ……………………………………………………………………………………… 34
第 5 章　轴测图 …………………………………………………………………………………………… 52
第 6 章　组合体 …………………………………………………………………………………………… 58
第 7 章　机件图样画法 …………………………………………………………………………………… 77
第 8 章　标准件与常用件 ………………………………………………………………………………… 103
第 9 章　零件图 …………………………………………………………………………………………… 114
第 10 章　装配图 …………………………………………………………………………………………… 131
第 11 章　计算机绘图 ……………………………………………………………………………………… 143
参考文献 …………………………………………………………………………………………………… 147

第 1 章　制图的基本知识

1. 字体综合练习。

机械工程制图基本知识视图校核

(10号长仿宋体汉字)

班级　姓名　学号

尺寸标注形体分析零图班级结构件

(7号长仿宋体汉字)

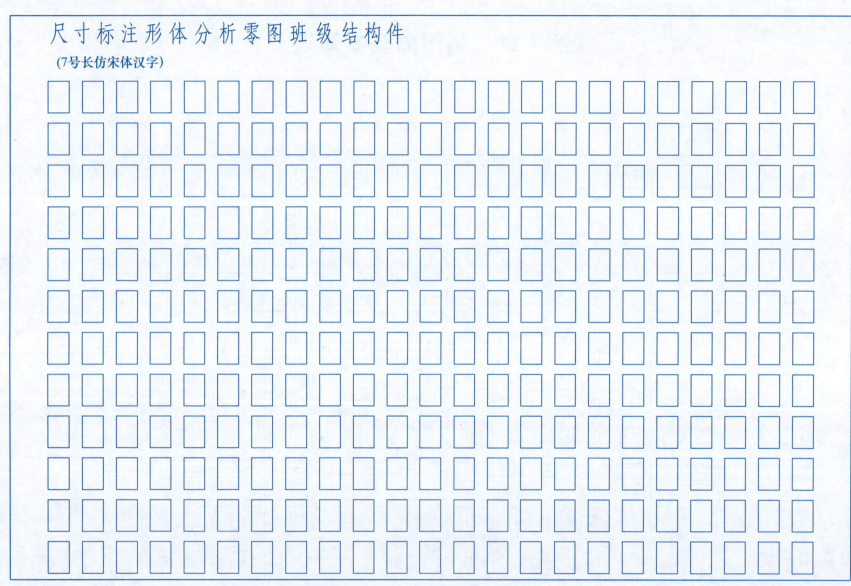

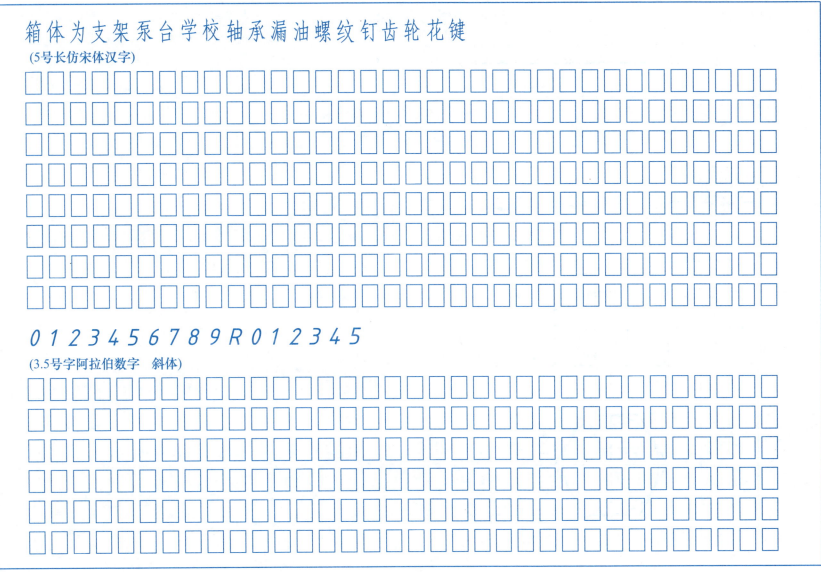

2. 线型练习。

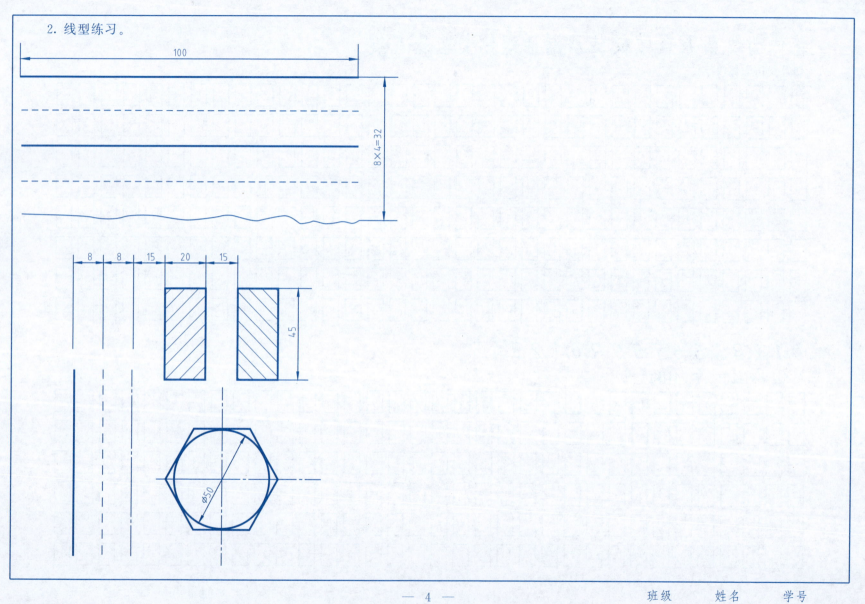

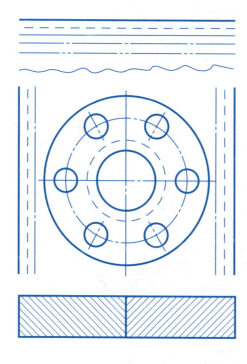

3. 尺寸注法练习。

注写尺寸：在给定的尺寸线上画出箭头，填写尺寸数字（尺寸数字按 1：1 从图上量取，取整数）。

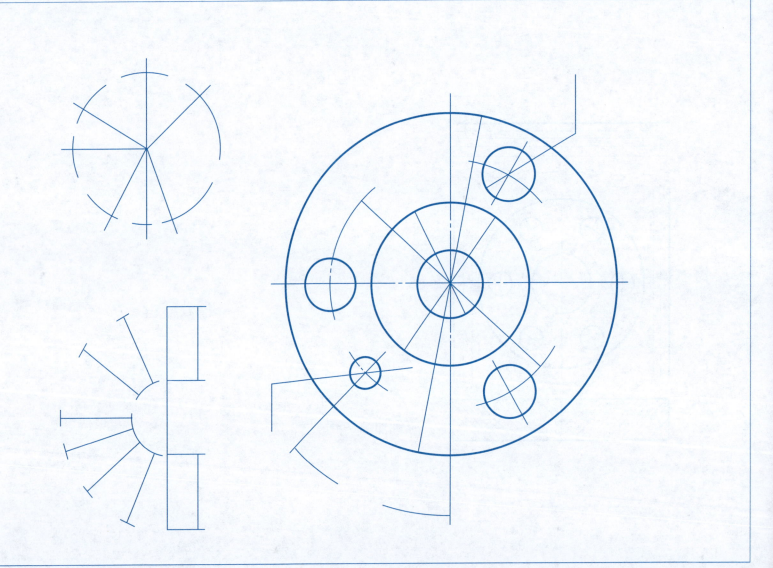

4. 尺寸注法改错。

尺寸注法改错：查出尺寸标注的错误，并在下边空白图上正确标注。

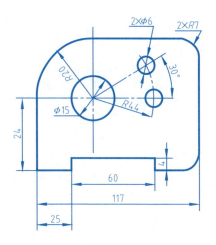

5. 分析下列平面图形并标注尺寸。

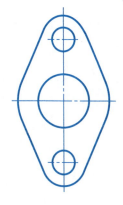

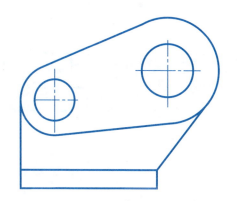

班级　　姓名　　学号

6. 尺寸标注改错：将改正后的尺寸标注在下边图上。

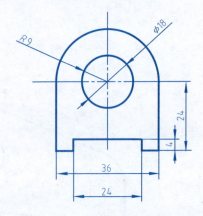

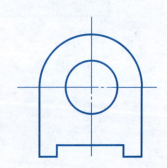

7. 按下图所示尺寸在指定位置绘制图形，并标注尺寸。

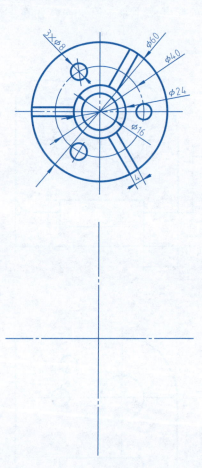

第 2 章 几 何 作 图

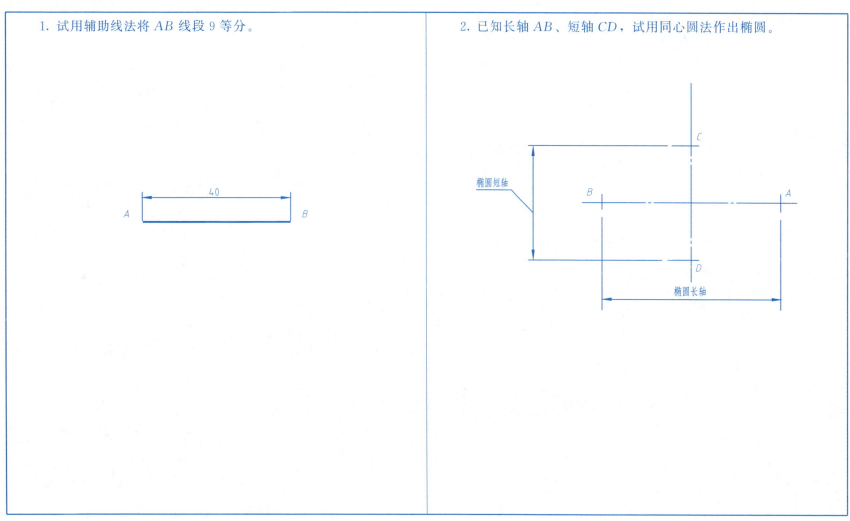

1. 试用辅助线法将 AB 线段 9 等分。

2. 已知长轴 AB、短轴 CD，试用同心圆法作出椭圆。

3. 过已知点 a 作一条 1∶6 的斜线与 cd 线相交,并作出标注。

5. 已知两已知直线 L_1、L_2 以及连接圆弧半径 R,试完成连接作图。

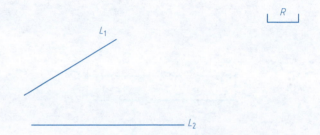

4. 试过已知点 a、b 作 1∶5 的锥度线与 cd 线相交,并作出标注。

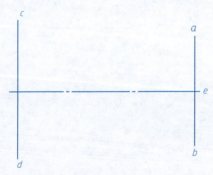

6. 已知圆 O_1（半径 R_1）、O_2（半径 R_2）连接圆弧的半径为 R，试完成连接作图（外切）。

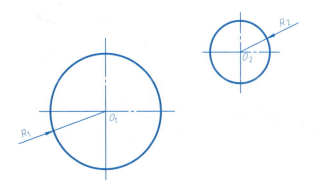

7. 已知圆 O_1（半径 R_1）、O_2（半径 R_2）连接圆弧的半径为 R，试完成连接作图（内切）。

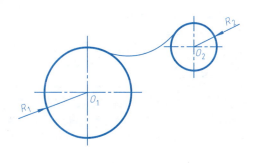

8. 绘制平面图形（用 A4 图纸，比例 1∶1，并标注尺寸）。

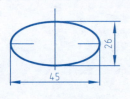
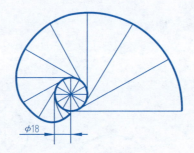

9. 绘制平面图形（用 A4 图纸，比例 1∶1，并标注尺寸）。

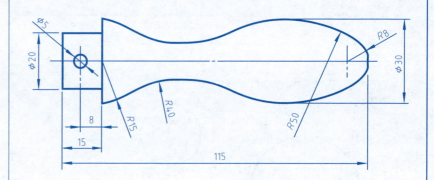

第 3 章 正投影法与三视图

1. 已知点 A 的正面投影和侧面投影，求作其水平投影。

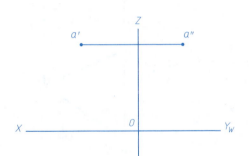

2. 已知点 A（20，10，18）如图所示，求作它的三面投影图。

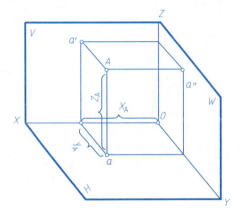

3. 已知平面△ABC，判断 MN 属于或不属于该平面的任一直线。

4. 已知四边形 ABCD 的正面投影和 BC、CD 两边的水平投影，试完成四边形的水平投影。

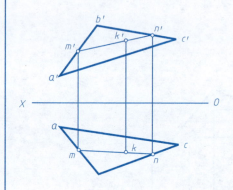

(a) 属于,不属于

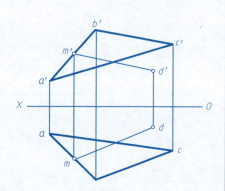

(b) 属于,不属于

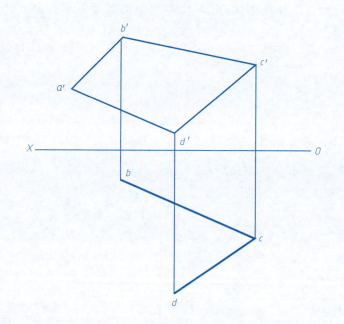

5. 已知 A（15，20，8）、B（5，30，25），在直角坐标系中画出 A、B 点。

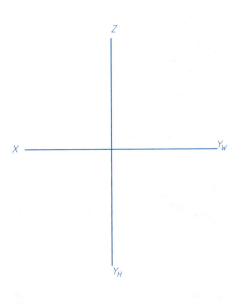

6. 已知点 A（30、15、25），求作 A 点的三面投影。

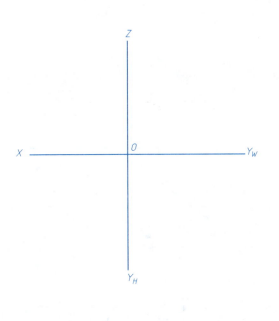

7. 根据 AB 直线的两面投影，补画第三面投影。

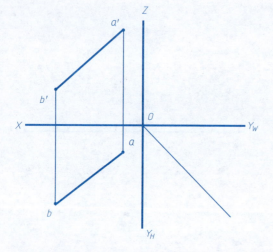

8. 根据给出的平面的两面投影，补画第三面投影。

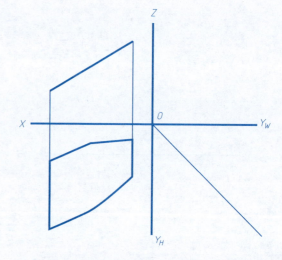

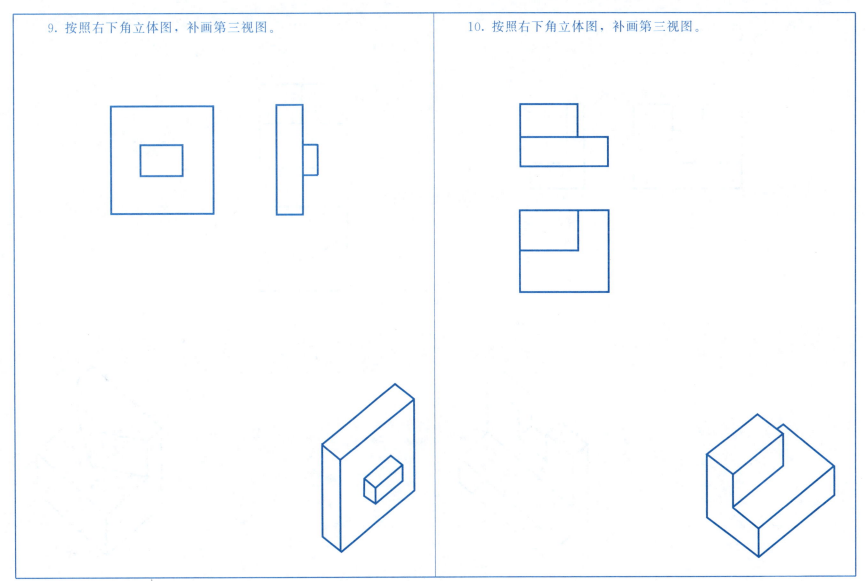

11. 按照右下角立体图,补画第三视图。

12. 按照右下角立体图,补画第三视图。

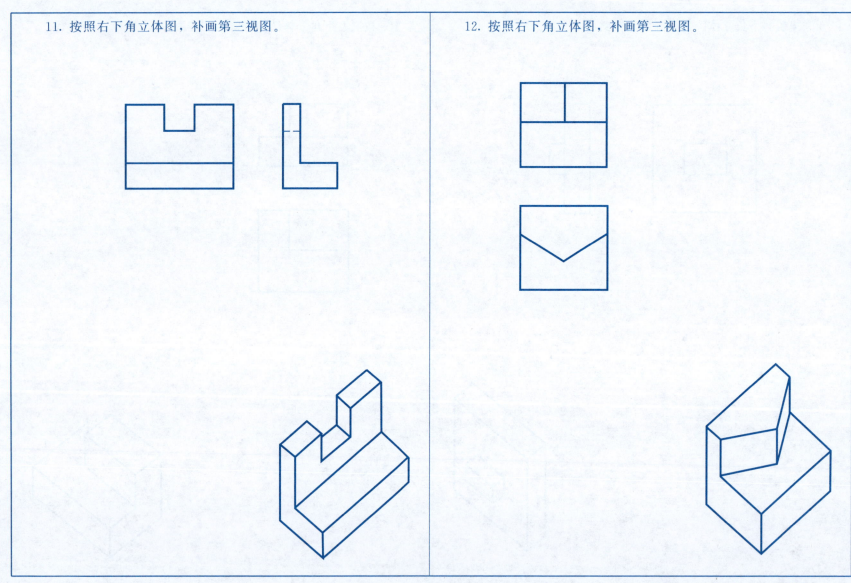

13. 已知各点的空间位置，试作投影图，并填写出各点距投影面的位置。（尺寸从图中量取，比例 1∶1，取整数）

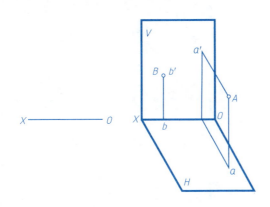

点	距 H 面	距 V 面
A		
B		

14. 已知各点的空间位置，试作投影图，并填写出各点距投影面的位置。（尺寸从图中量取，比例 1∶1，取整数）

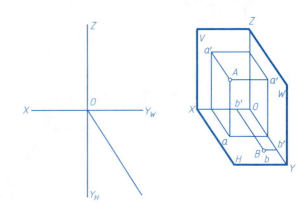

点	距 H 面	距 V 面	距 W 面
A			
B			

15. 在右边投影面上画出各点的空间位置。（尺寸从图中量取，比例 1∶1，取整数）

16. 求下列各点的第三面投影，并填写出各点距投影面的距离。（尺寸从图中量取，比例 1∶1，取整数）

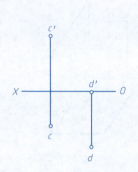
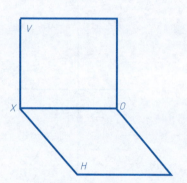
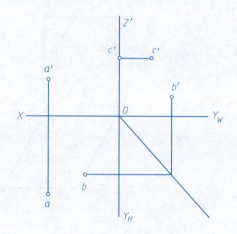

点	距 H 面	距 V 面	距 W 面
A			
B			
C			

17. 已知各点的坐标值，求作三面投影图。

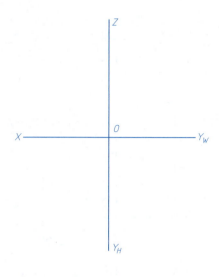

点	X	Y	Z
A	10	15	5
B	20	10	20

18. 已知点 A 的三面投影，并知点 B 在点 A 正上方 10mm，点 C 在点 A 正右方 15mm。求两点 B、C 的三面投影图。

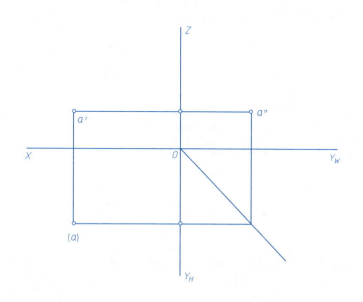

19. 已知各点的投影，试判断各点与点 A 的位置，并对投影图中的重影点判别可见性。

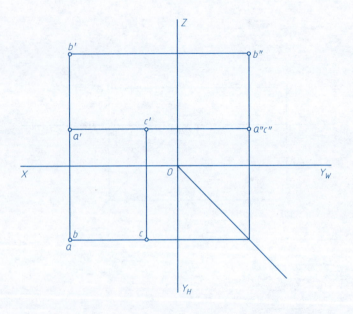

20. 已知各点的三面投影，填写出各自的坐标值。（尺寸从图中量取，比例 1:1，取整数）

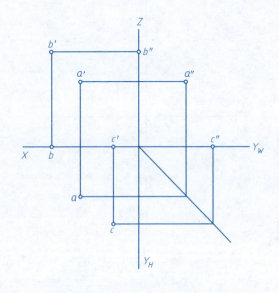

点	X	Y	Z
A			
B			
C			

21. 已知直线上两端点 $A(30, 25, 6)$、$B(6, 5, 25)$，画出该直线的三面投影图。

22. 已知直线 AB 上一点 C 距 H 面 20mm，求点 C 的 V、H 面投影。

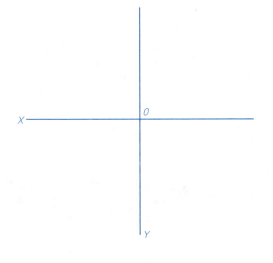

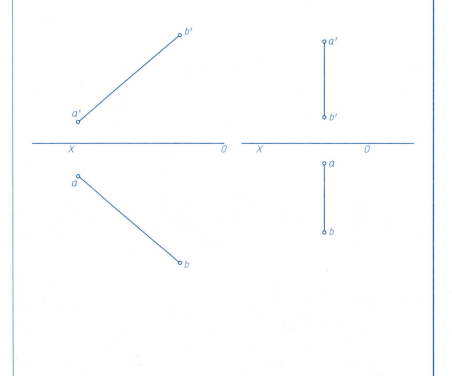

23. 已知直线 AB 上一点 C，且 AC：CB ＝1：2，作出点 C 的两面投影。

24. 判别下列各直线对投影面的相对位置，并补画第三面投影。

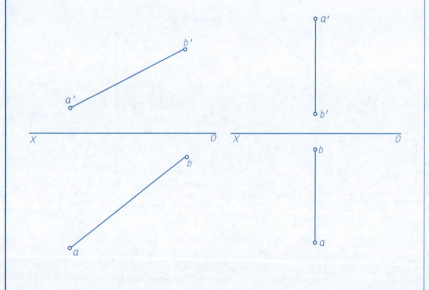

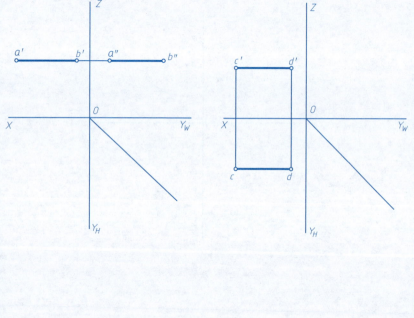

(1) _____　　　(2) _____

25. 判别下列各直线对投影面的相对位置，并补画第三面投影。 26. 求线段 AB 的实长及对 3 个投影面的夹角 α、β、γ。

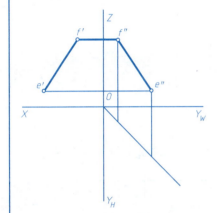

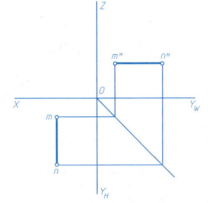

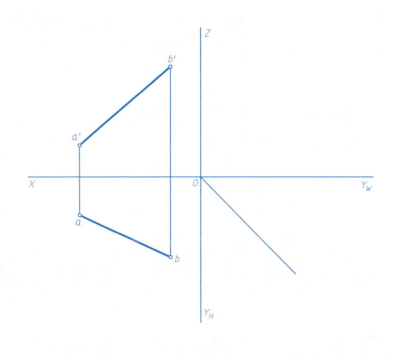

(3) _____   (4) _____

27. 已知线段 AB 上有一点 C，令 AC=20，求点 C 的投影。

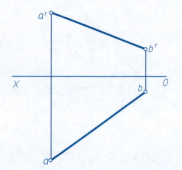

28. 已知 B 点距 H 面 30，求 AB 的正投影。

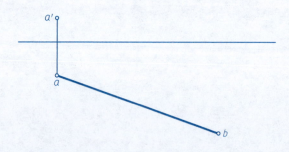

29. 已知 $a'b'$、a 及 AB=45mm，完成线段 AB 的水平投影。

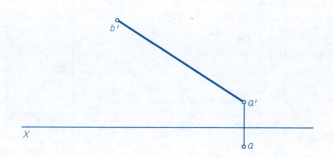

30. 判断两直线的相对位置。

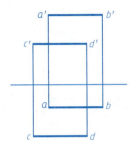

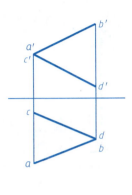

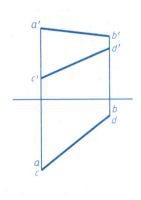

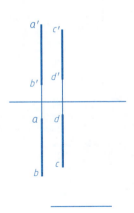

31. 判别交叉两直线的重影点及可见性。

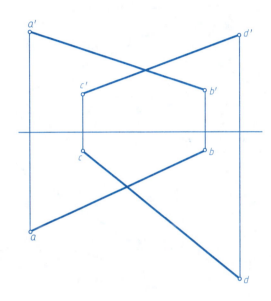

32. 如图所示，试过点 E 作一直线 EF，令 EF 既与 AB 平行又与 CD 相交。

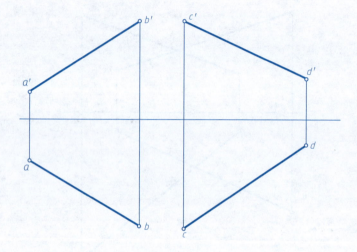

33. 过点 K 作一直线，使之与直线 AB 垂直相交。

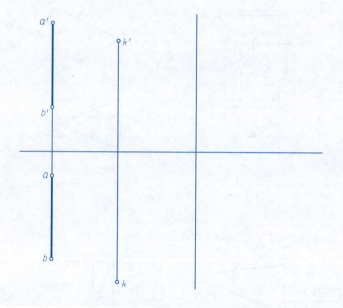

34. 求点 M 到直线 AB 的真实距离。

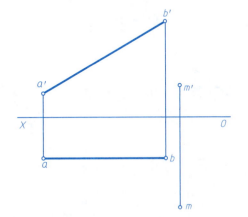

35. 作一直线 MN，使之与两已知直线 AB、CD 均垂直相交。

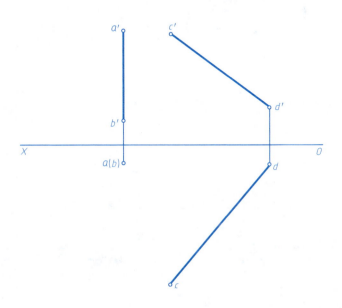

36. 已知平面 ABCD 为矩形，完成其两面投影。

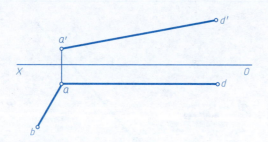

37. 已知点 K 是平面 ABCD 上的点，求其另一面投影。

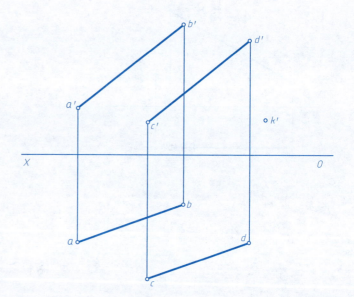

班级　　姓名　　学号

38. 已知平面内点 K 的一个投影,求另一投影。

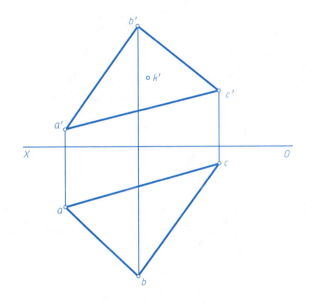

39. 已知平面内点 K 的一个投影,求另一投影。

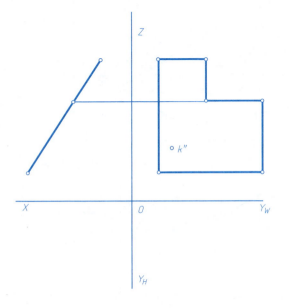

40. 已知平面内点 K 的一个投影，求另一投影。

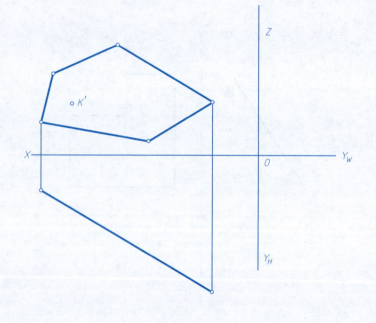

41. 完成五边形的水平投影。

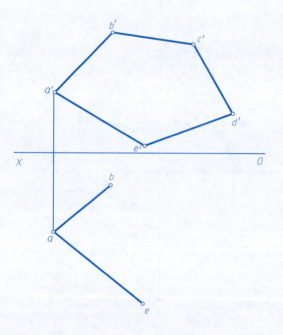

42. 判别点 A、B、C、D 是否在同一平面内。

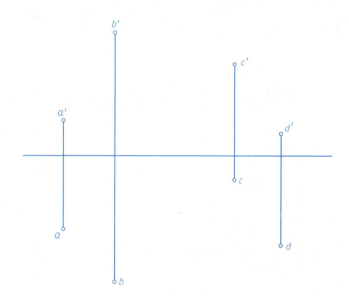

ABCD（在同一平面）（不在同一平面）。

43. 在△ABC 内过点 A 作一条水平线，过点 C 作一条正平线。

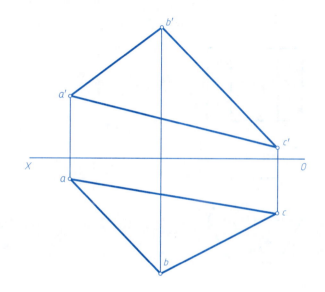

第 4 章 基本几何体

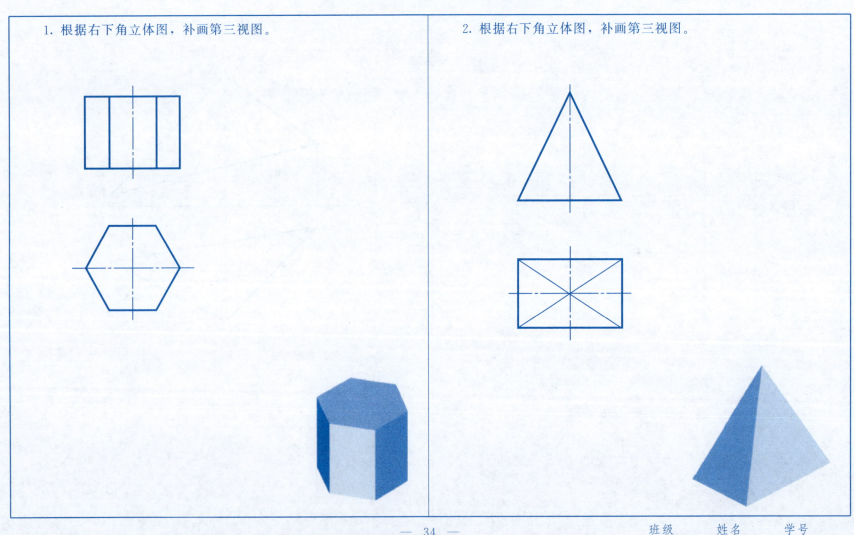

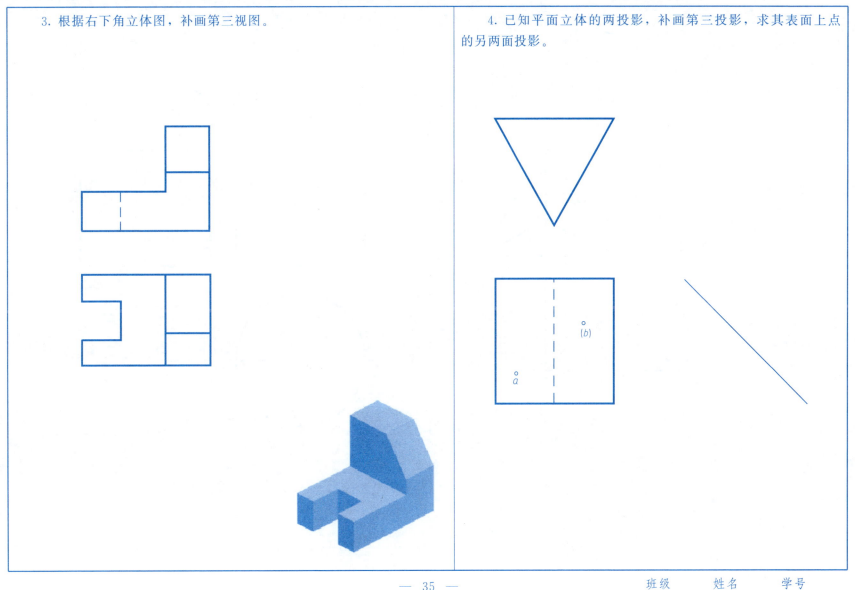

5. 已知平面立体的两投影，补画第三投影，求其表面上点的另两面投影。

6. 已知曲面立体表面上点的一个投影，求其另两面投影。

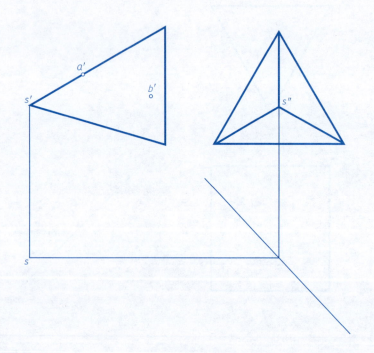

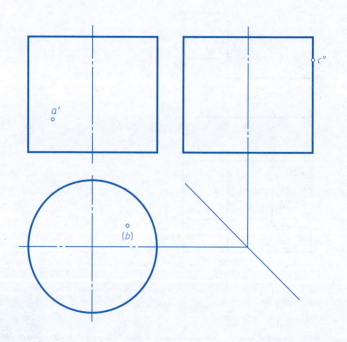

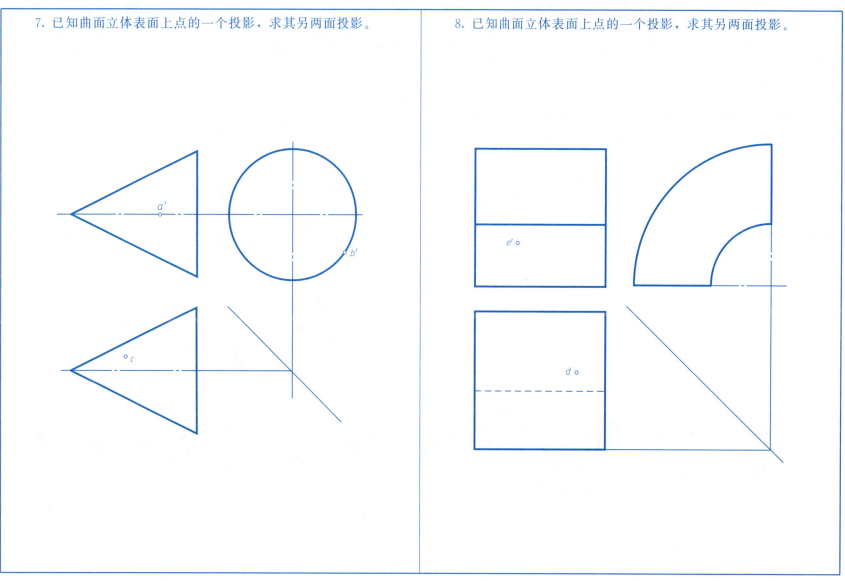

9. 完成截断体的三面投影。

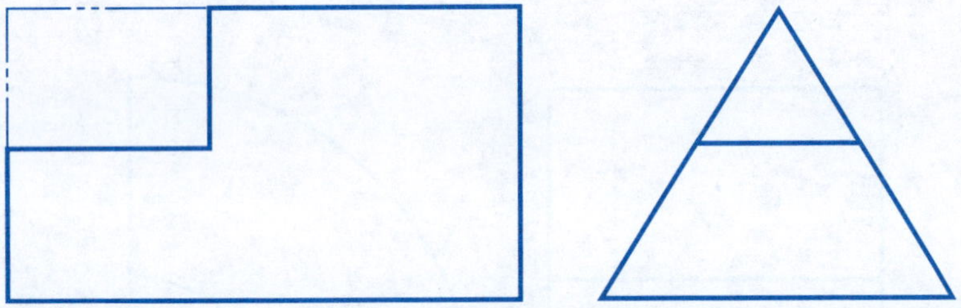

10. 完成截断体的三面投影。

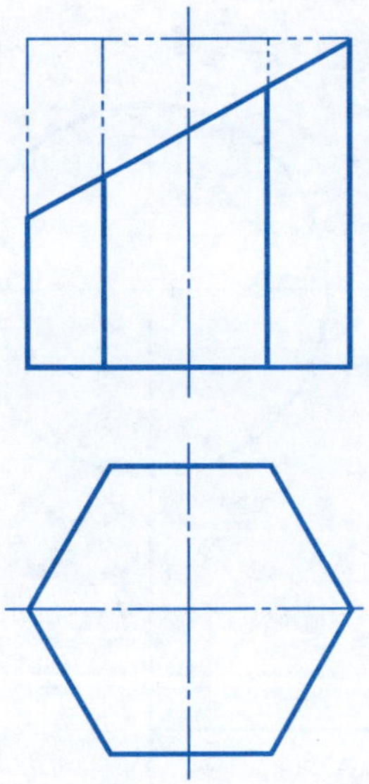

11. 完成截断体的三面投影。

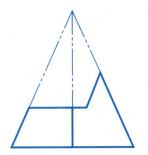

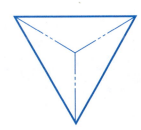

12. 完成截断体的三面投影。

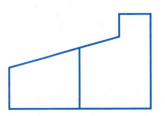

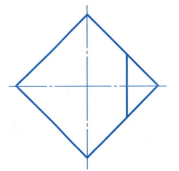

13. 完成曲面立体截断体的投影。

14. 完成曲面立体截断体的投影。

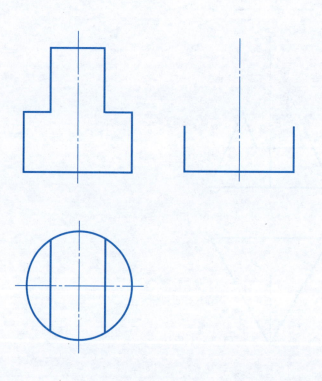

15. 完成曲面立体截断体的投影。

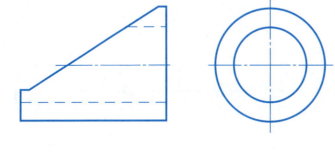

16. 完成曲面立体截断体的投影。

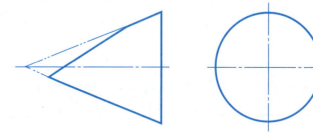

17. 完成曲面立体截断体的投影。

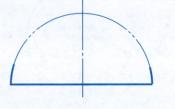 

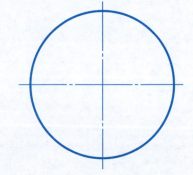

18. 完成曲面立体截断体的投影。

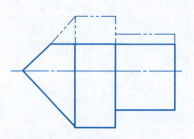 

19. 求作截交线的正面投影。

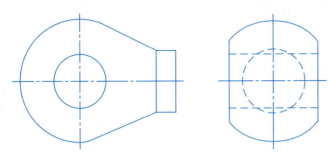

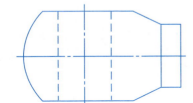

20. 求作切口几何体的第三面投影，并分析（3）与（1）、（2）的对应关系。

（1）

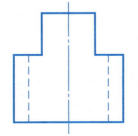

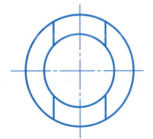

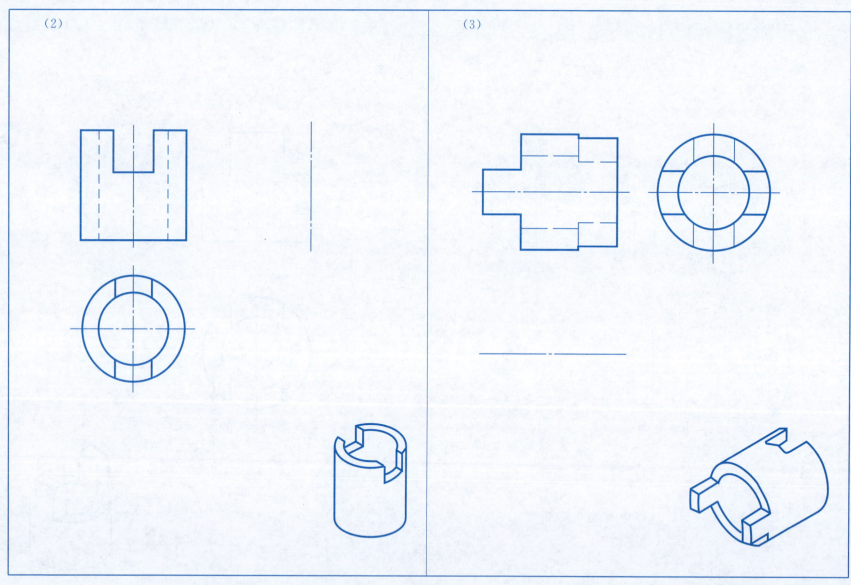

21. 求立体表面的交线。

22. 求立体表面的交线。

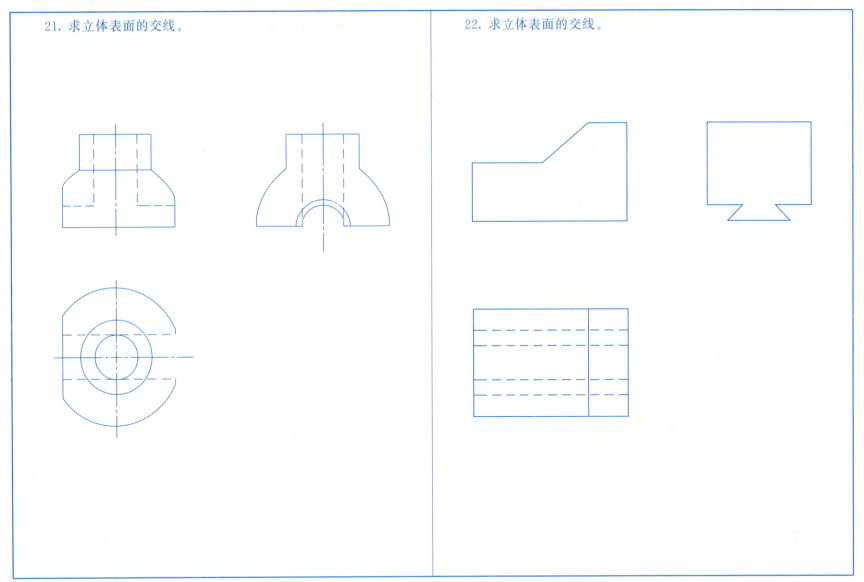

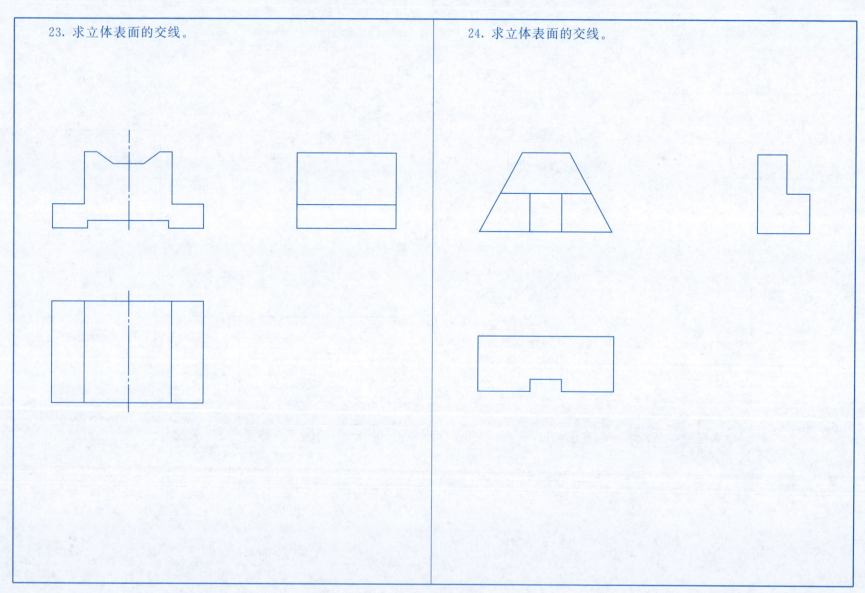

25. 求立体表面的交线。

26. 求立体表面的交线。

27. 求立体表面的交线。

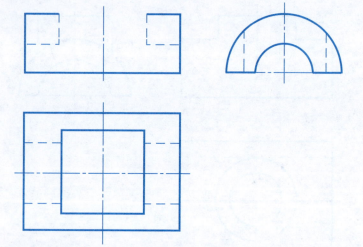

28. 求立体表面的交线。

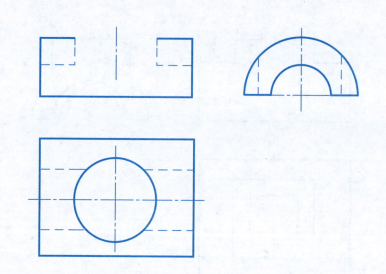

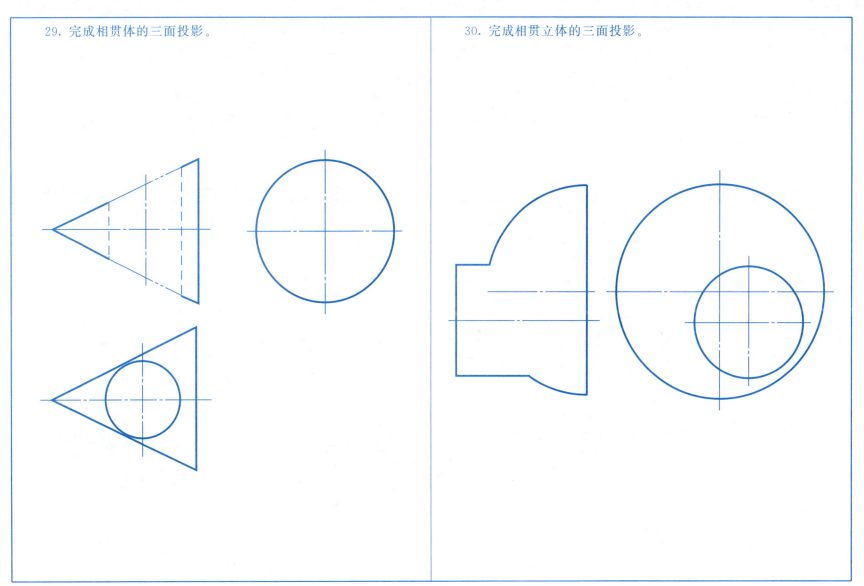

31. 求同轴回转体的相贯线。

32. 求偏交两圆柱的相贯线。

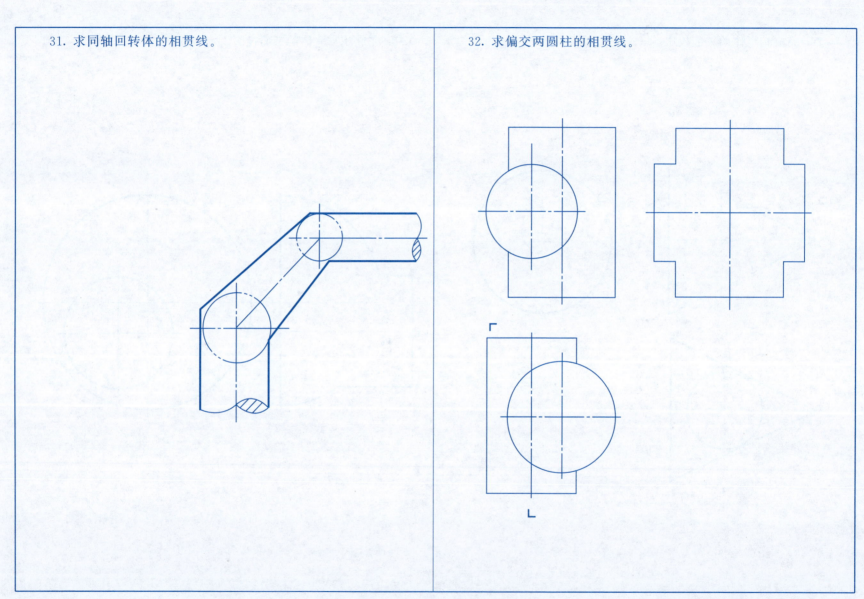

33. 分析组合回转体的相贯线，并补全各投影。

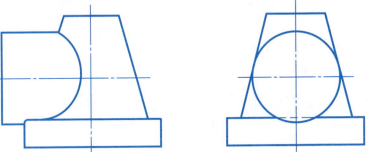
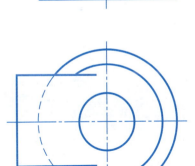

34. 分析组合回转体的相贯线，并补全各投影。

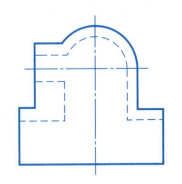
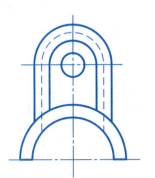
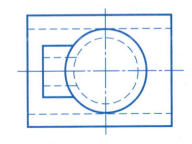

第5章 轴 测 图

1. 已知主、俯视图，应用坐标法画出其正等轴测图。

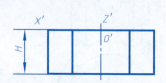
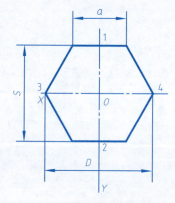

2. 已知主、俯视图，应用方箱切割法画出其正等轴测图。

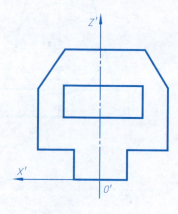
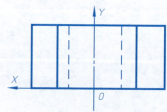

3. 作出正面形状复杂的单方向物体的斜二轴测图。

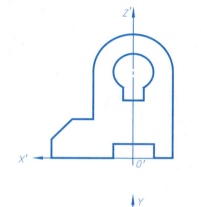

4. 利用三视图，绘制正等轴测图。

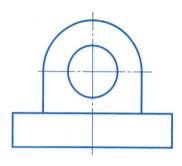

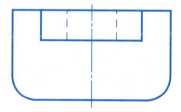

5. 利用三视图，在右下角绘制正等轴测图。

6. 利用三视图，在右下角绘制正等轴测图。

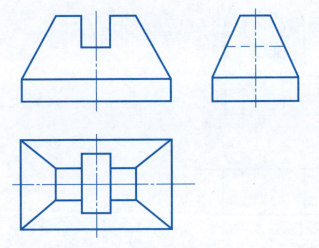

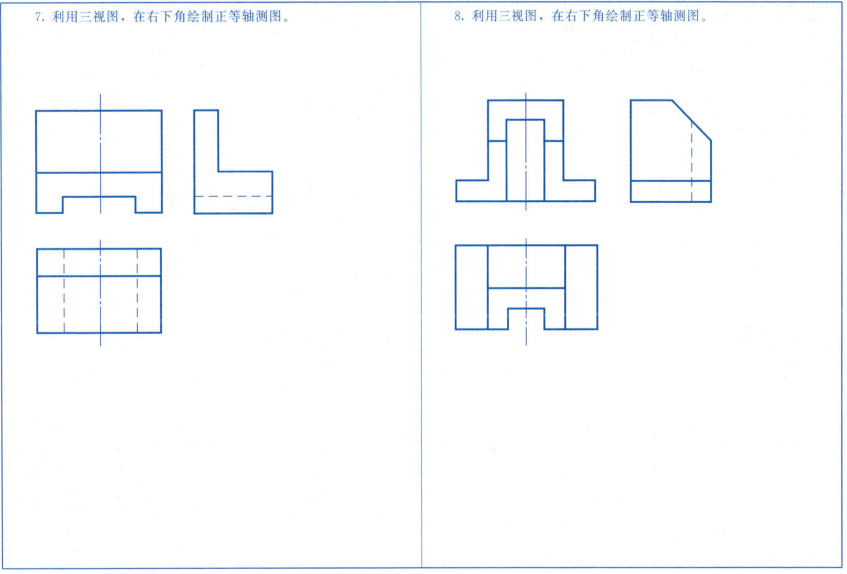

9. 利用三视图，在右边绘制正等轴测图。

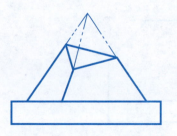

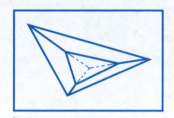

10. 利用三视图，在右下角绘制正等轴测图。

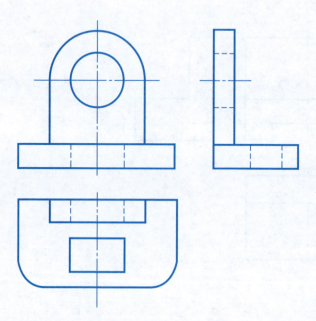

11. 利用三视图，在下边绘制斜二测图。

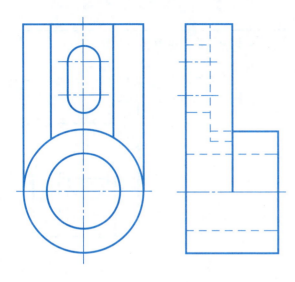

12. 利用三视图，在下边绘制斜二测图。

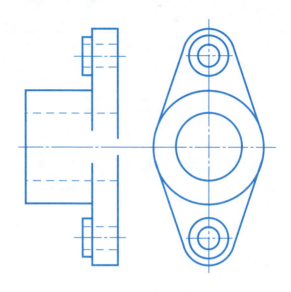

第6章 组 合 体

1. 试用线面分析法读懂压块的三视图。

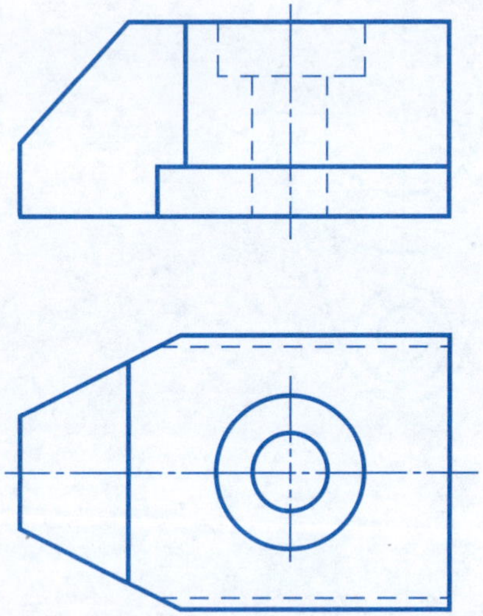

2. 根据俯、左视图想出物体形状并画出主视图。

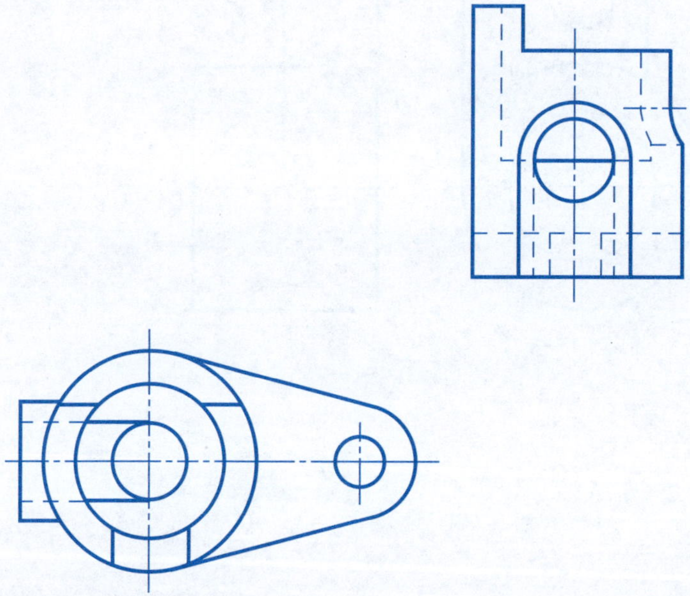

3. 分析下图并画出三视图（徒手画图，尺寸自定）。

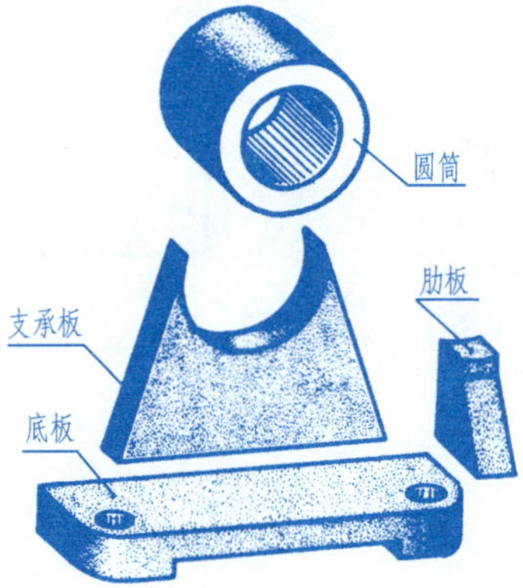

圆筒

支承板

肋板

底板

主视方向

4. 找出相应的立体图，并在其下方括号内填写它的序号。

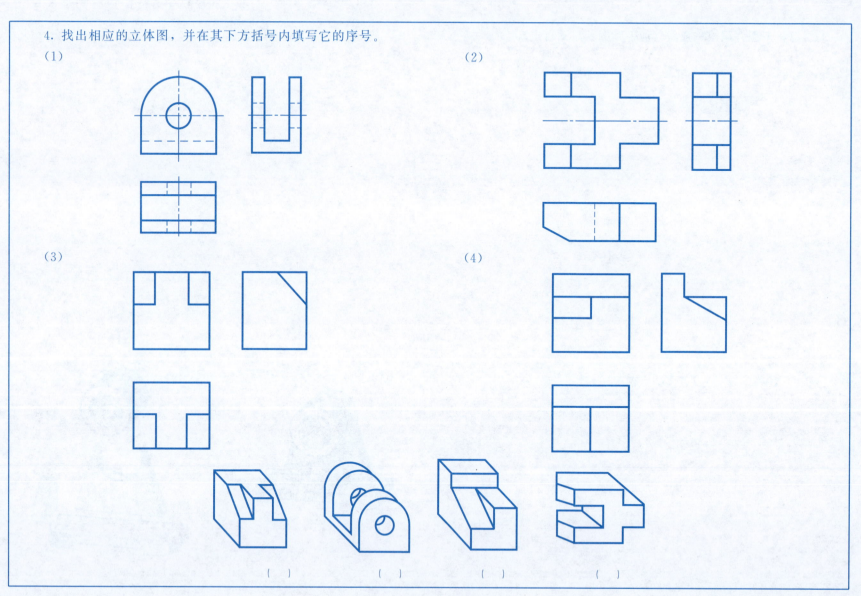

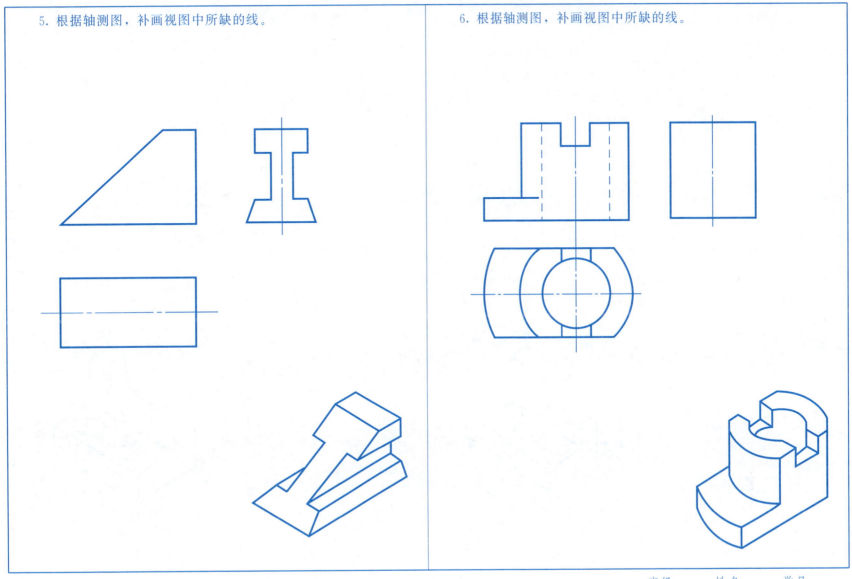

7. 根据轴测图画三视图。

8. 根据轴测图画三视图。

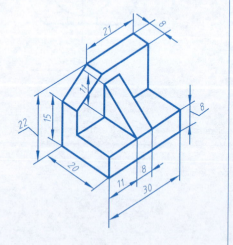
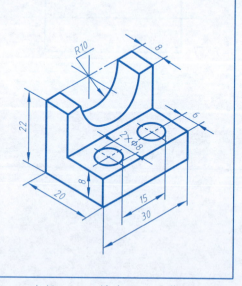

9. 根据轴测图画三视图。

10. 根据轴测图画三视图。

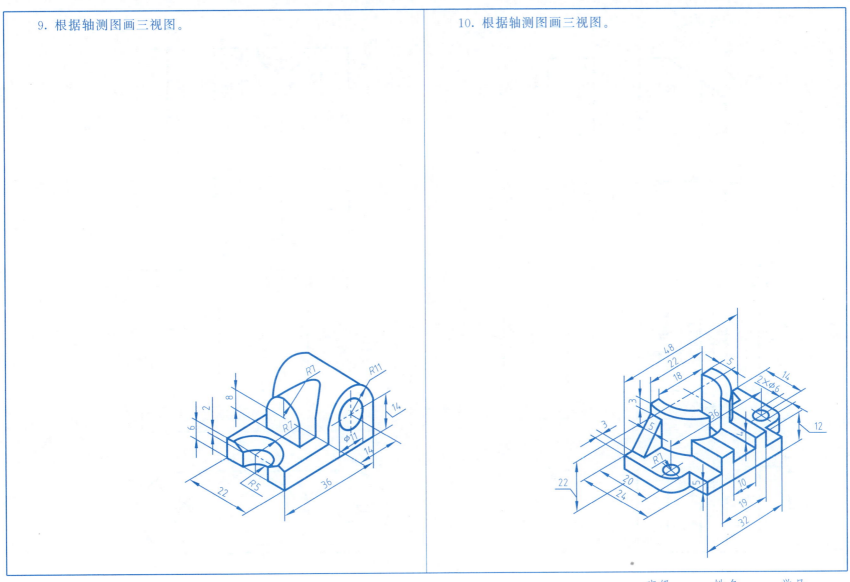

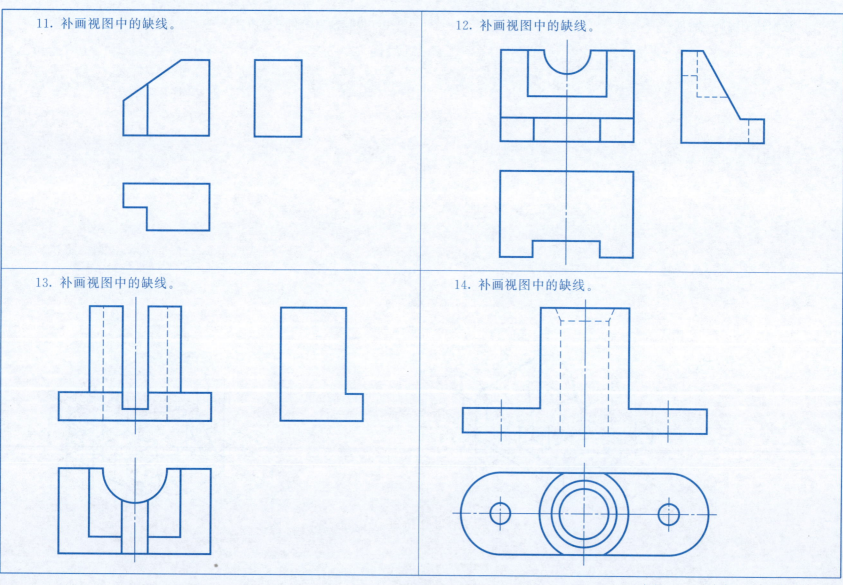

15. 根据两视图，选择正确的第三视图。

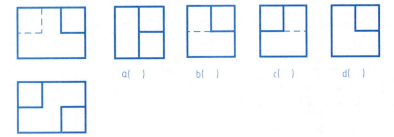

a( ) b( ) c( ) d( )

16. 根据两视图，选择正确的第三视图。

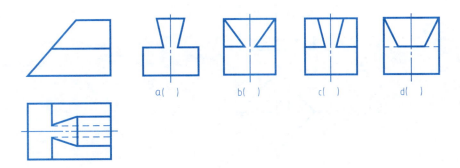

a( ) b( ) c( ) d( )

17. 根据两视图，选择正确的第三视图。

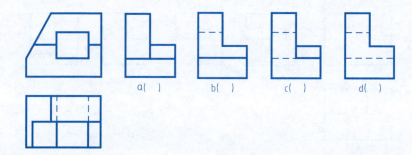

a( ) b( ) c( ) d( )

18. 根据两视图，补画第三视图。

(1)

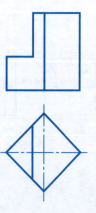

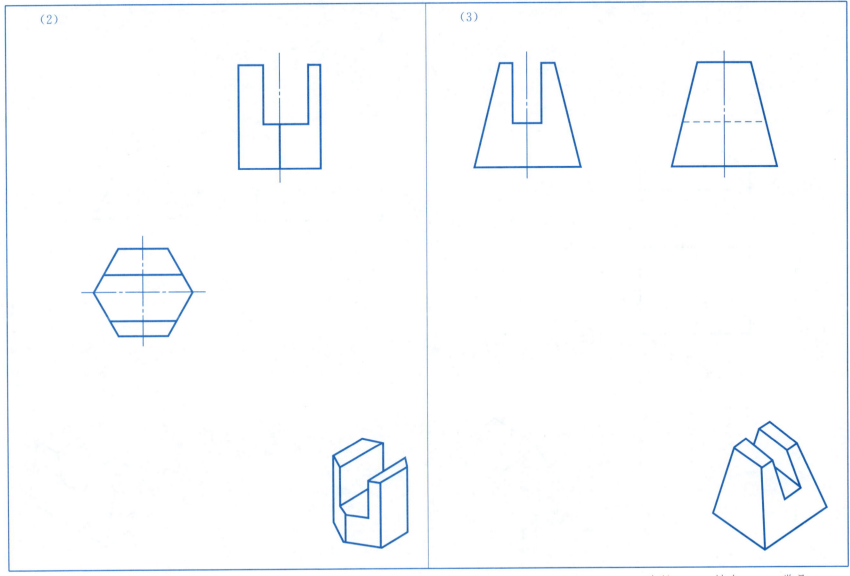

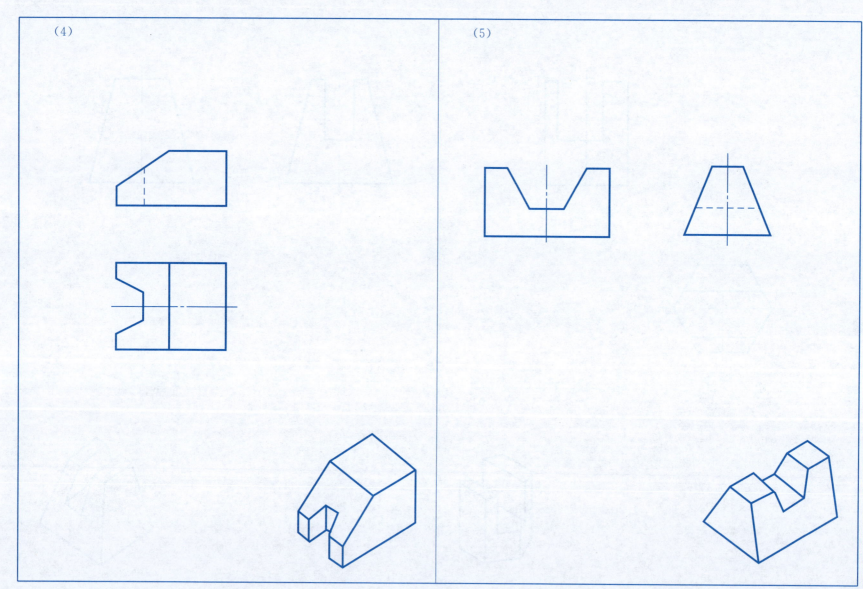

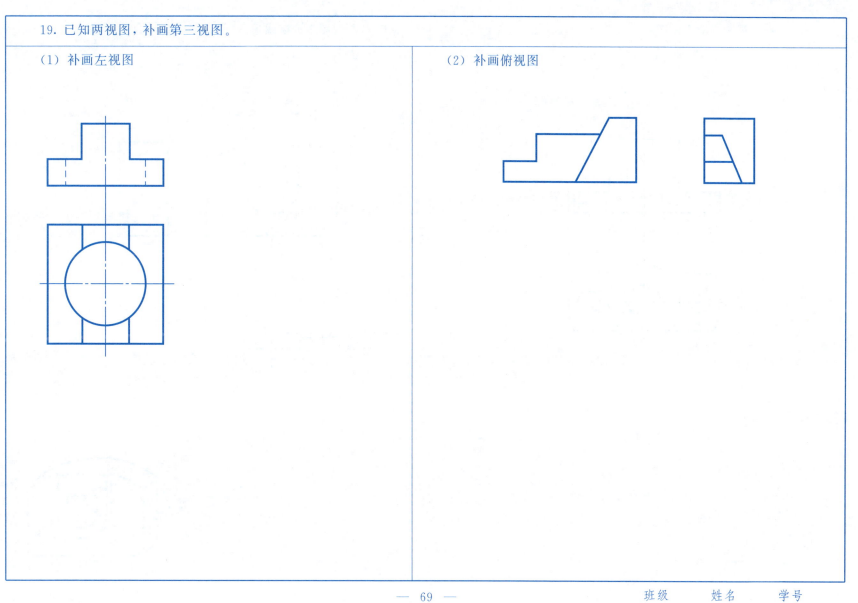

20. 补全主视图中缺少的图线。

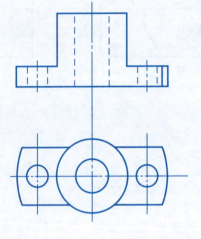

21. 补画视图中的缺线。

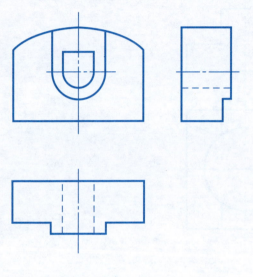

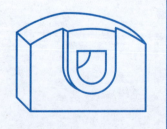

22. 根据两视图补画第三视图。

23. 读懂两视图，补画第三视图。

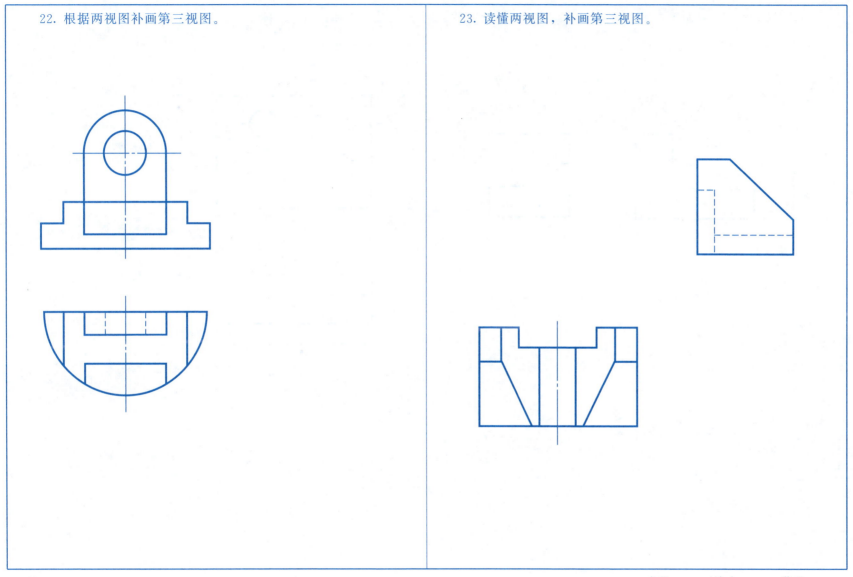

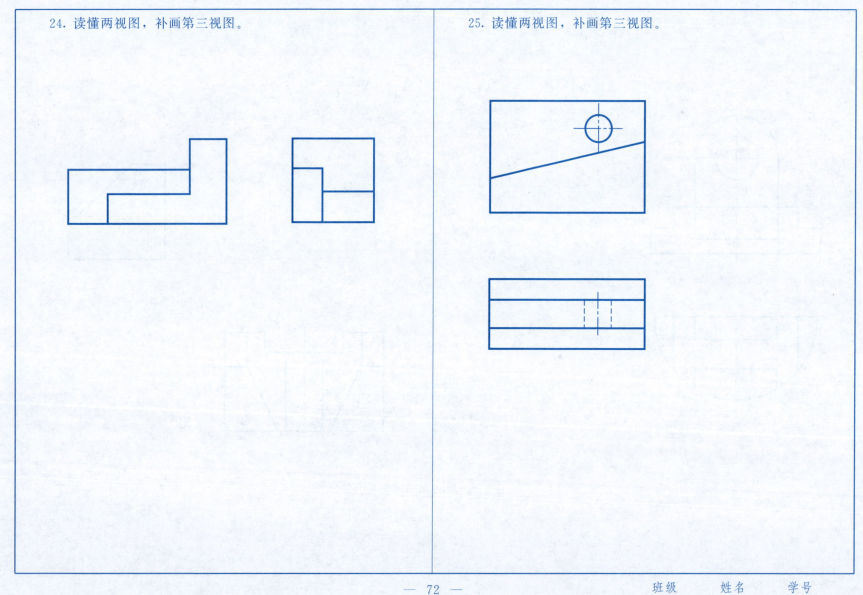

26. 读懂两视图，补画第三视图。

27. 读懂两视图，补画第三视图。

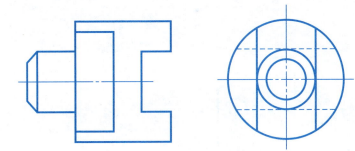
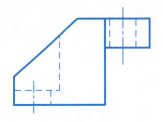
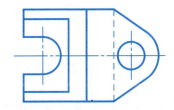

班级　　姓名　　学号

28. 读懂两视图，补画第三视图。

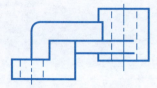

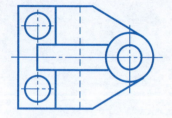

29. 读懂两视图，补画第三视图。

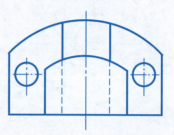

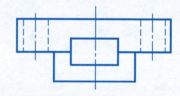

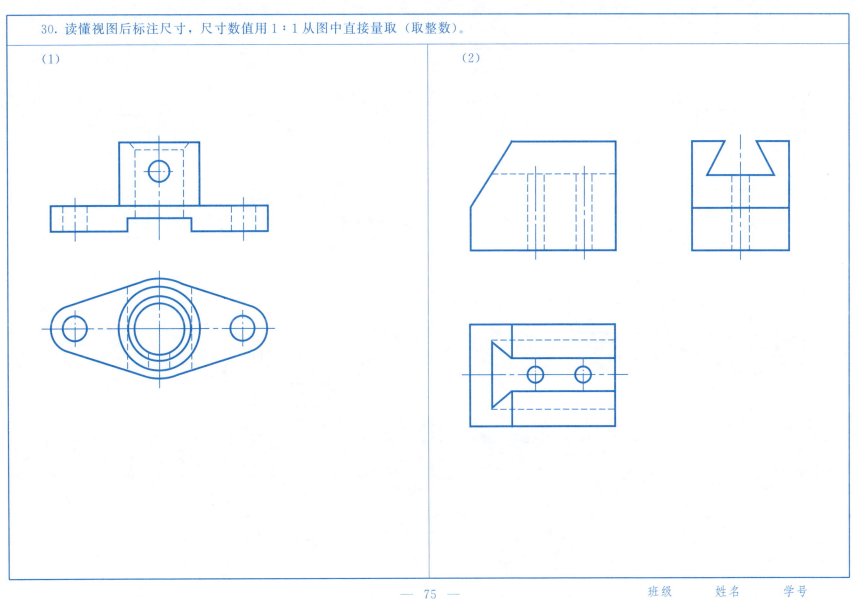

(3)

(4)

第 7 章 机件图样画法

1. 根据已知主、俯视图，补画该零件的另外四个基本视图。

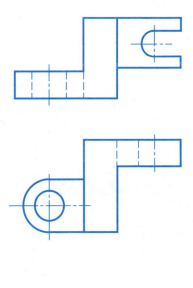

2. 根据已知的三视图，画出物体的右视图。

3. 已知 V 形铁的主视图及 A 向视图，求作俯视图。

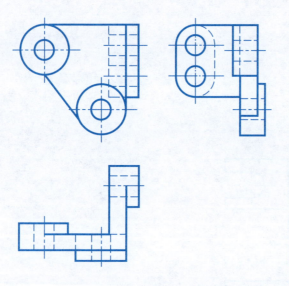

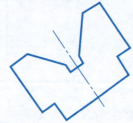

— 78 —

班级　　姓名　　学号

4. 画出 A 向斜视图和 B 向局部视图。

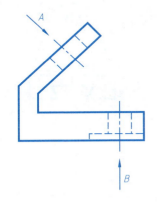

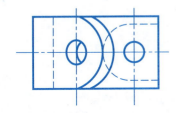

5. 画出 A 向斜视图和 B 向局部视图。

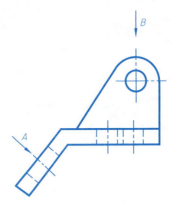

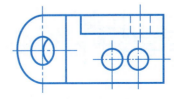

6. 将俯视图改为旋转视图。

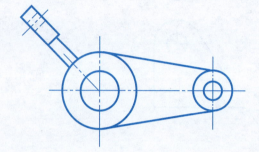

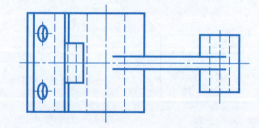

7. 根据零件的俯视图、左视图,补画全剖主视图。

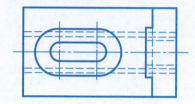

班级　　姓名　　学号

8. 在主视图上作全剖视图。

(1)

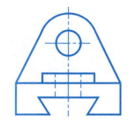

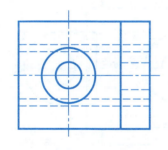

(2)

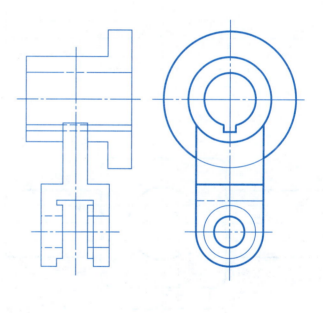

9. 在主视图上作半剖视图。

(1)

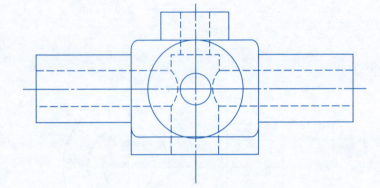

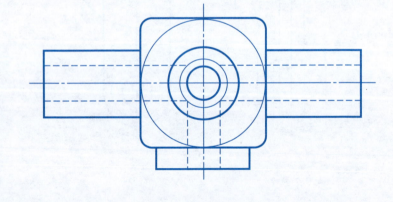

(2)

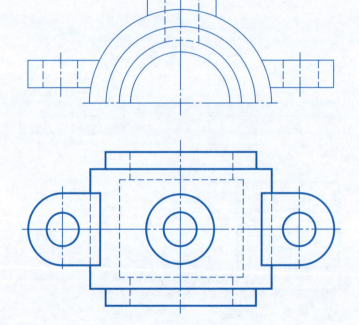

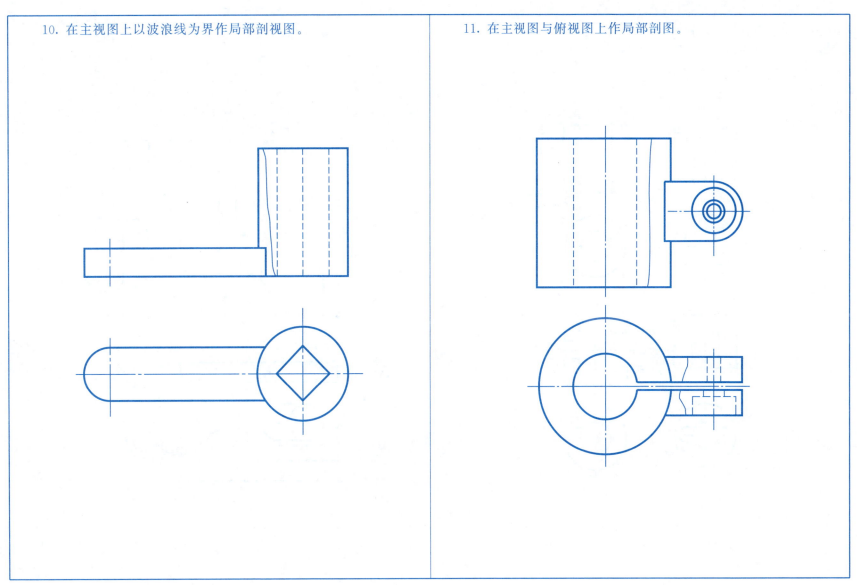

12. 补全剖视图中所缺的图线。

(1)

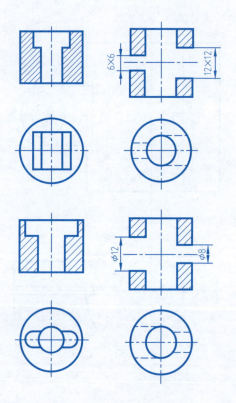

(2)

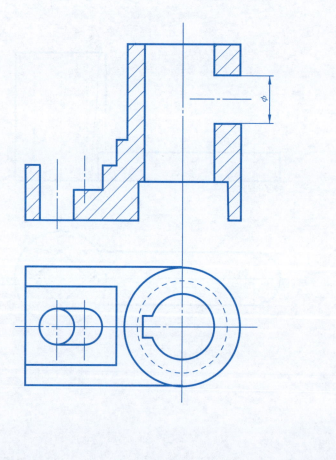

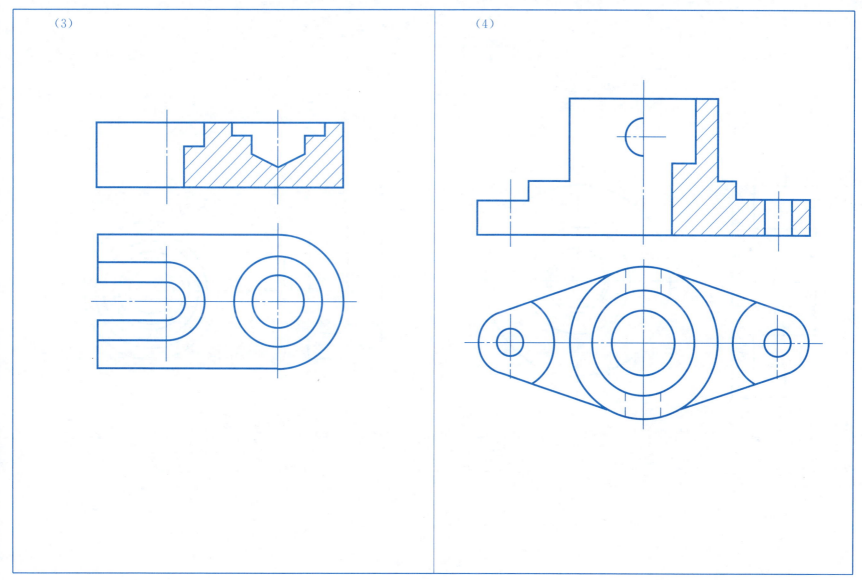

(5)

(6)

13. 作 C—C 剖视，并补全所缺的定位尺寸（按比例 1：1 在图中量取）。

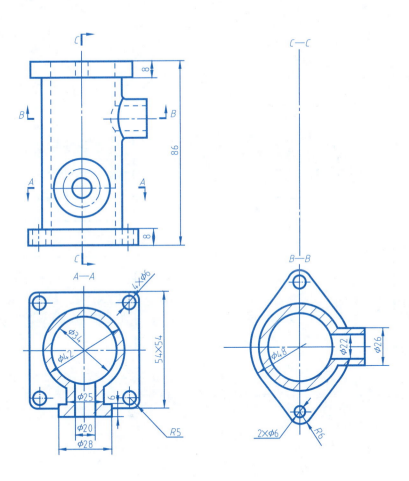

14. 求主视图并作 A—A 剖视。

15. 补全主视图中所缺的图线。

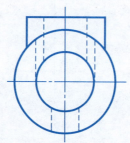
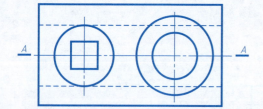
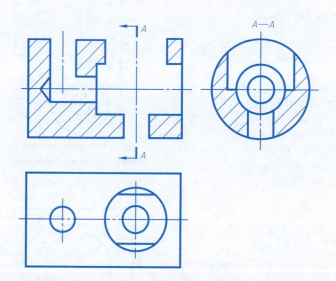

16. 作 A—A 剖视并在主视图上作局部剖视。

(1)

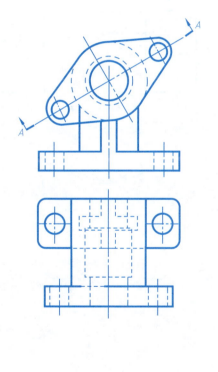

(2)

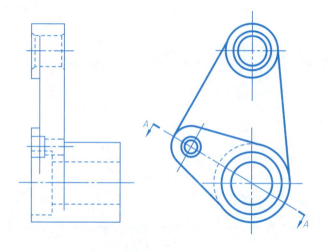

17. 在主视图上作阶梯剖视。

18. 补画阶梯剖视的俯视图。

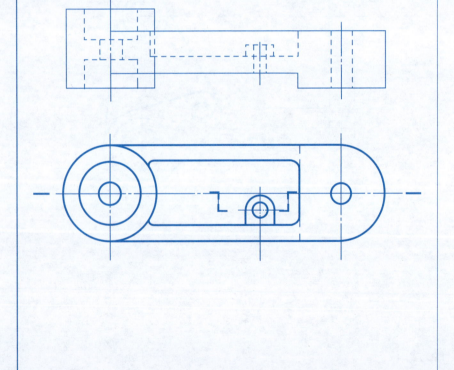
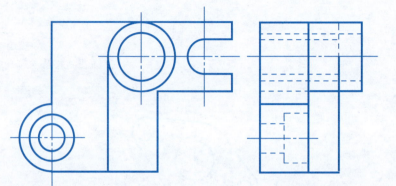

19. 在主视图上作 A—A 剖视。

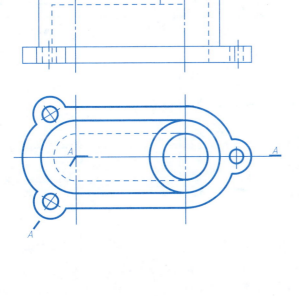

20. 在主视图上作 A—A 剖视。

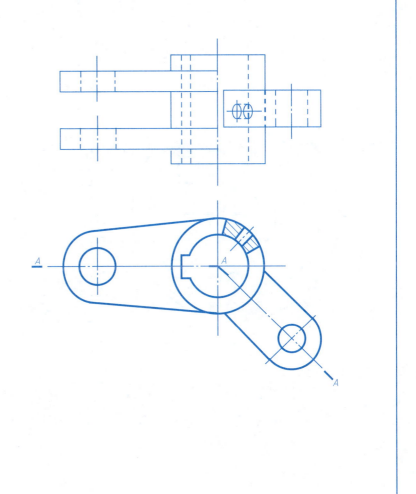

21. 在左视图上作 A—A 剖视。

22. 画出主视图的外形图。

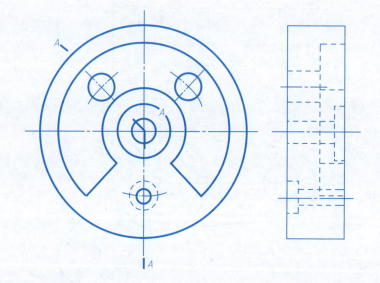
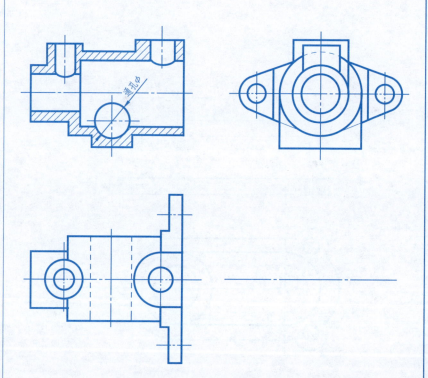

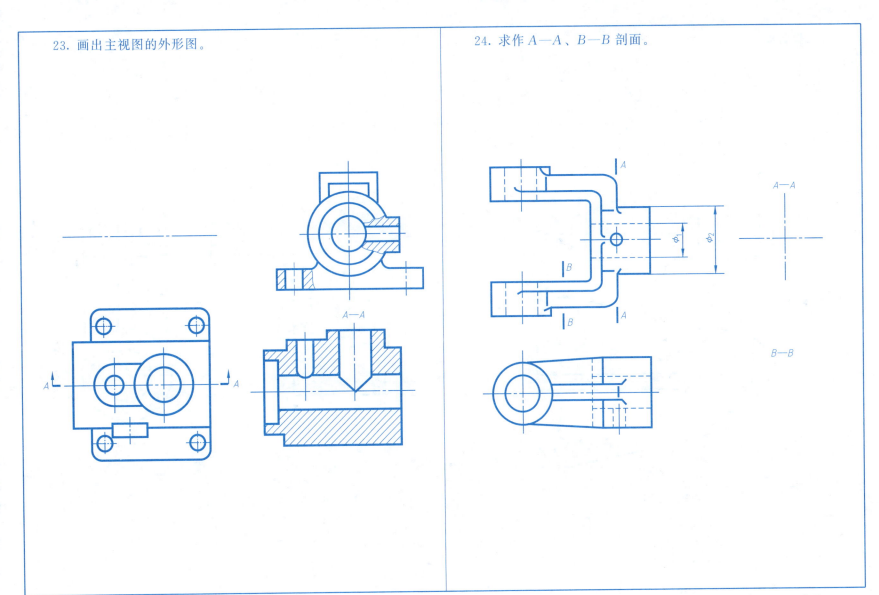

25. 作肋板的重合剖面。

26. 作 A—A 剖面。

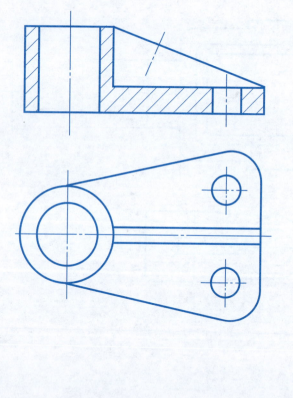
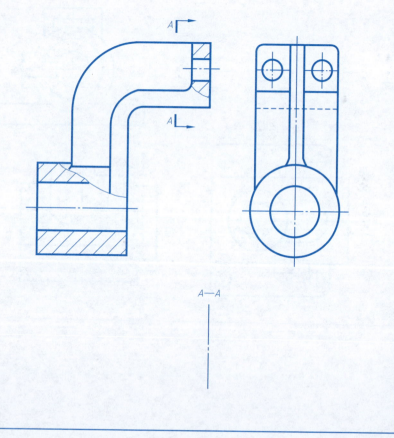

27. 根据主、俯视图，求左视图并作 $A-A$ 剖视。

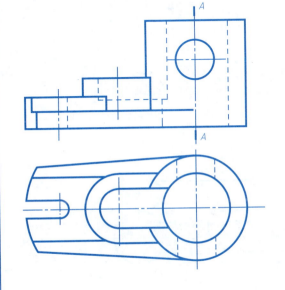

$A-A$

28. 补全左视图（全剖视），求俯视图并作 $A-A$ 半剖视。

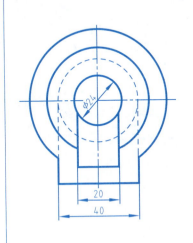

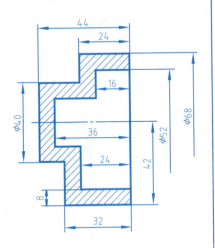

29. 补画剖视图中所缺的线条。

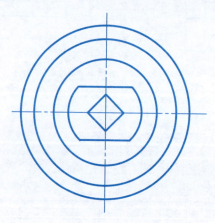

30. 补画剖视图中所缺的线条。

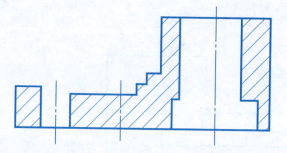

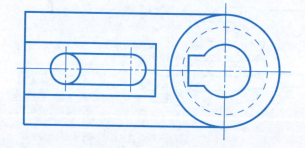

31. 将主视图改画成全剖视图。

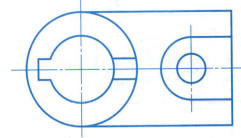

32. 将主视图改为半剖视图。

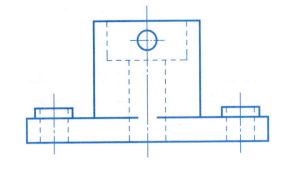
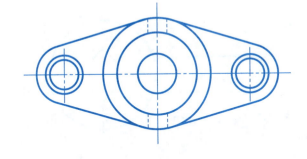

33. 将主视图改为局部剖视图。

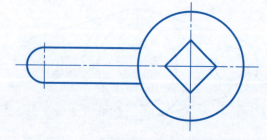

34. 将主视图改为半剖视图,并补画全剖左视图。

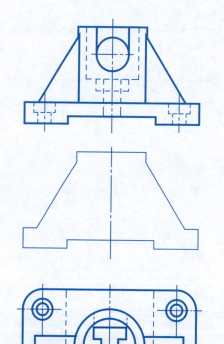

35. 找出图中的错误，把正确的局部视图画出。

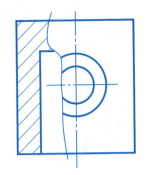

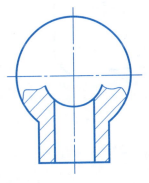

36. 将零件的左视图采用旋转剖。

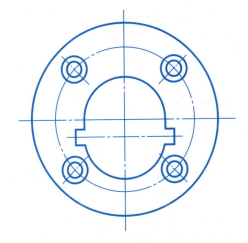
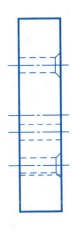

37. 将零件的主视图采用旋转剖。

38. 将左视图改为阶梯剖视图。

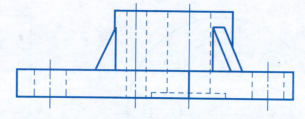

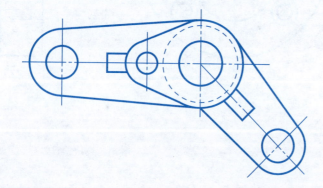

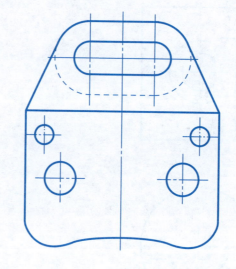

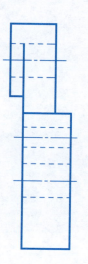

39. 将零件的主视图改画成全剖视图，将左视图画成半剖视图。

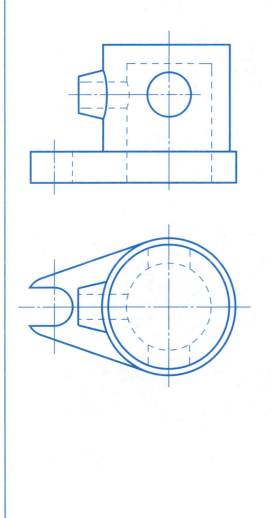

40. 画出指定位置的断面图（左端键槽深 4mm，右端键槽深 3mm）。

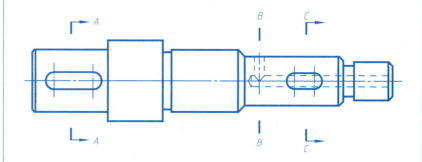

41. 在两个相交剖切平面的延长线上，作出断面图。

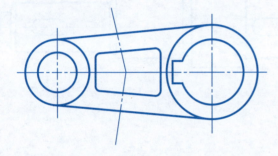

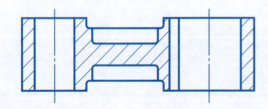

42. 按剖视规定改画主视图。

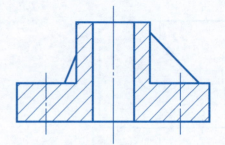

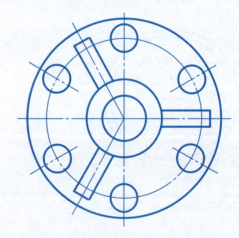

班级　　姓名　　学号

第8章 标准件与常用件

1. 回答下列问题，并在相应图上分别标出内、外螺纹的尺寸。

(1) 内、外螺纹旋合时，需要＿＿＿＿、＿＿＿＿、＿＿＿＿、＿＿＿＿、＿＿＿＿五要素相同。

不论内螺纹或是外螺纹，螺纹的代号及尺寸均应注在螺纹的＿＿＿＿径上；但管螺纹用＿＿＿＿标注。

标准螺纹的＿＿＿＿、＿＿＿＿、＿＿＿＿都要符合国家标准。常用的标准螺纹有＿＿＿＿、＿＿＿＿、＿＿＿＿、＿＿＿＿。

(2)

M16—6g 表示＿＿＿＿＿＿＿＿＿＿螺纹；
M16—5H 表示＿＿＿＿＿＿＿＿＿＿螺纹。

(3)

M16×1.5—5g6g 表示＿＿＿＿＿＿＿＿＿＿螺纹；
M16×1.5—6H 表示＿＿＿＿＿＿＿＿＿＿螺纹。

(4)

Tr32×12（P6）LH 表示＿＿＿＿为 32mm，＿＿＿＿为 12mm，＿＿＿＿线＿＿＿＿旋螺纹。

(5)

B120×18（P6）LH 表示＿＿＿＿为 120mm，＿＿＿＿为 6mm，＿＿＿＿线、＿＿＿＿旋＿＿＿＿螺纹。

(6)

特 M16×1.55 是特殊螺纹，其_____、_____符合国家标准规定，但_____不符合国标规定。

(7)

G1″表示管子的_____是 1″，查表知其螺纹大径为_____，螺距是_____，每英寸_____牙。

2. 圈出下列各题（1）~（4）中的错误，在空白处画出正确的图形，在指定位置画出（5）的指定剖面。

(1)

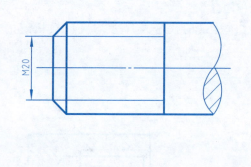

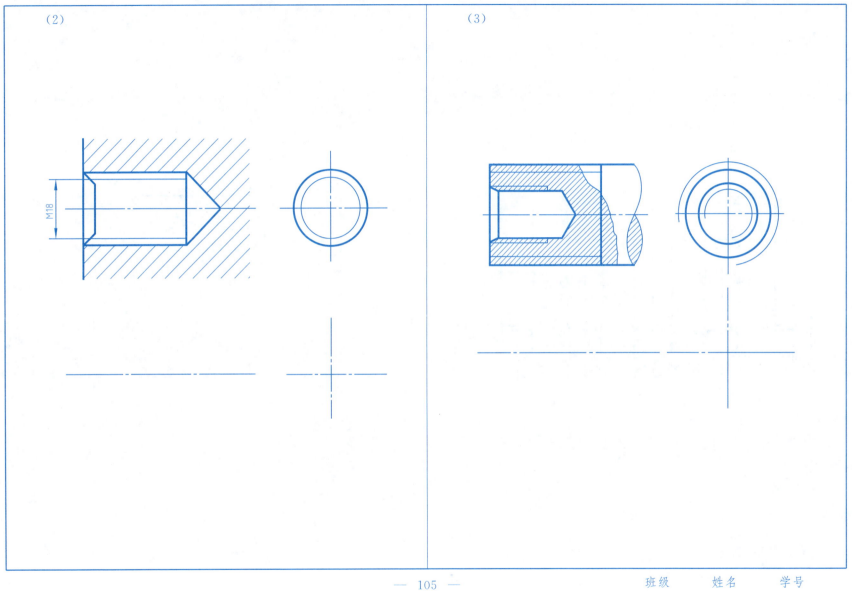

(4)

(5)

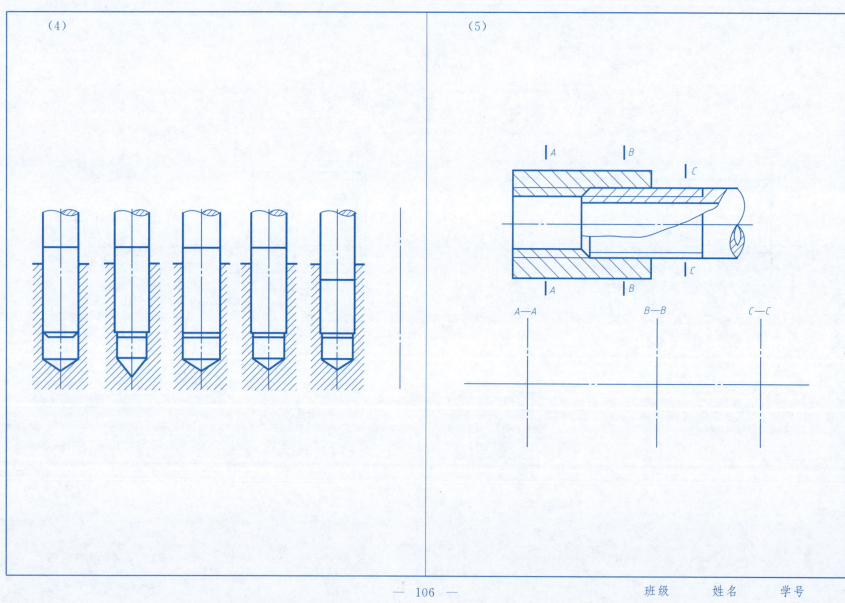

3. 根据螺纹连接件的代号，查表并标出全部尺寸。

(1) 螺栓 GB 5782—2000—M24×100

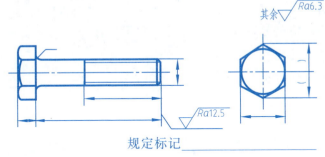

规定标记_____

(2) 螺母 GB 6170—2000—M24

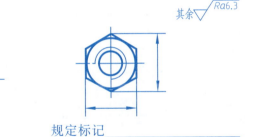

规定标记_____

(3) 垫圈 GB 97.2—2002—24

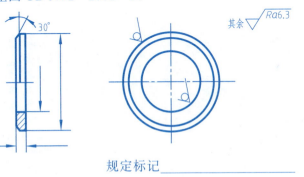

规定标记_____

4. 找出左边双头螺柱连接装配图中的错误，在右边画出正确的连接图（主视图画成全剖视图）。

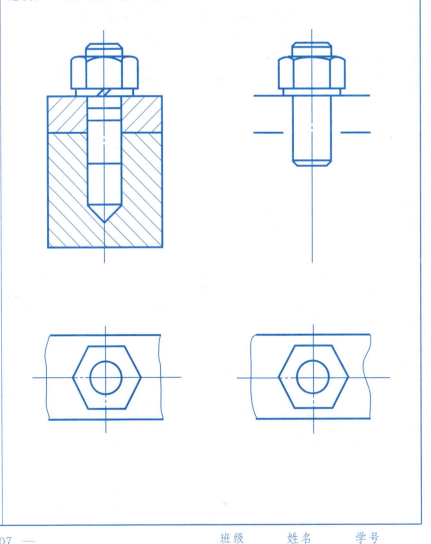

5. 画出两板的螺栓连接图。

已知两板厚 $d_1=d_2=20$mm，板长 24mm，宽 50mm。

螺栓 GB 5782—2000—M20×L（L 计算后取标准值）。

螺母 GB 6170—2000—M20

垫圈 GB 97.1—2002—20

要求：按比例 1：1 画出螺栓装配图的三视图（主视图作全剖视）。

6. 画出零件的螺钉连接图。

已知：上板厚 $d_1=8$mm，下板厚 $d_2=32$mm，材料为铸铁。

螺钉 GB 846—1985—M10×L（L 计算后取标准值）。

要求：按比例 2：1 画出螺钉装配图的两个视图（主视图作全剖视）。

7. 按给定尺寸和规定画法画螺纹。

(1) 外螺纹（M40），螺纹长度为50mm。

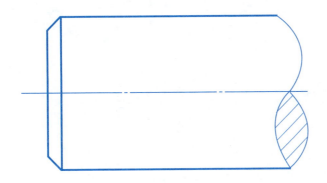

(2) 螺纹通孔（M20），两端孔的倒角C1。

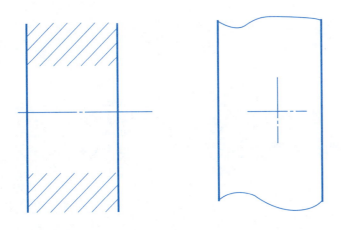

(3) 螺纹不通孔（M16），钻孔深度30mm，螺纹深度24mm，孔口倒角C1。

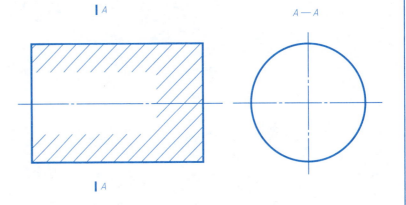

(4) 将下列图形按螺纹连接的规定画法画出。

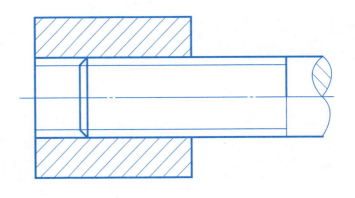

8. 解释下列螺纹标记的意义。

(1) M24LH-5H-S

(2) M20×1.5-5g6g

(3) Tr32×6（P2）LH-7H

(4) B40×14（P7)-8e-L

9. 标注螺纹代号

(1) 普通粗牙外螺纹，公称直径 24mm，单线，右旋，中径、顶径公差带代号 6g，中等旋合长度。

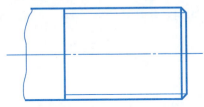

(2) 普通螺纹，公称直径 24mm，螺距 2mm，单线，左旋，中径、顶径公差带代号分别为 5H、6H，中等旋合长度。

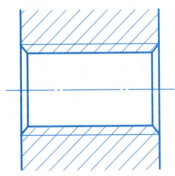

(3) 锯齿形螺纹，公称直径 32mm，螺距 6mm，双线，右旋，中径公差带代号 7h，中等旋合长度。

(4) 用螺纹密封的圆锥内螺纹尺寸代号 1，右旋。

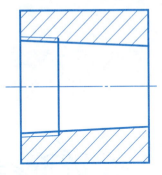

(5) 非螺纹密封的管螺纹尺寸代号 1，公差等级 A 级，右旋。

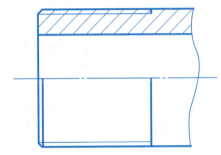

(6) 用螺纹密封的圆锥外螺纹尺寸代号 1，左旋。

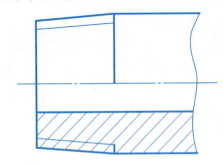

10. 补全齿轮啮合的主视图和左视图。

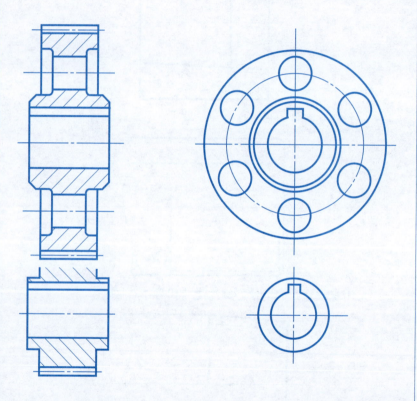

11. 键连接。已知齿轮和轴用 A 型普通平键联结，轴、孔直径为 20mm，键长为 20mm。要求写出键的规定标记，查表确定键槽的尺寸，画全下列各视图和断面图中所缺漏的图线，并在轴的断面图和齿轮的局部视图中标注轴、孔直径和键槽的尺寸。

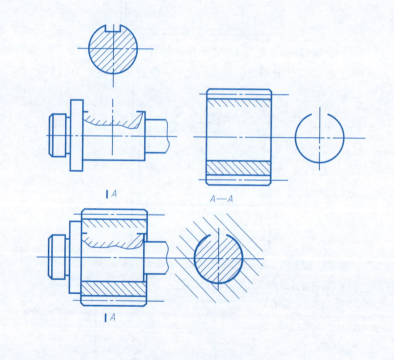

12. 销连接、弹簧和轴承画法。

（1）齿轮与轴用直径为 10mm 的圆柱销连接，画全销连接的剖视图，比例 1∶1，并写出圆柱销的规定标记。

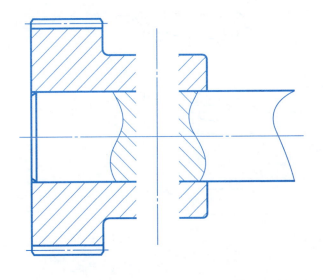

（2）用规定画法在轴端画出轴承与轴的装配图，并解释滚动轴承代号的含义。

滚动轴承 6205

含义：

内径_____

尺寸系列_____

轴承类型_____

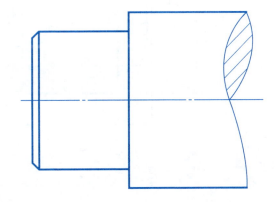

第9章 零件图

1. 下图为齿轮轴的零件图,从该图可以看出一张完整的零件图应包含以下哪些内容?

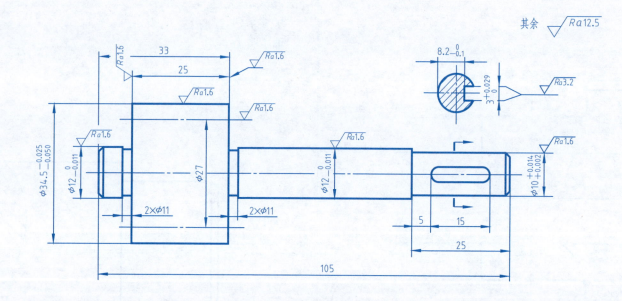

技术要求

1. 齿在加工后进行调质处理,(220~250) HBW。
2. 未注倒角为 C1。
3. 未注圆角为 R1。

2. 指出零件长、宽、高三个方向的主要尺寸基准和辅助尺寸基准。

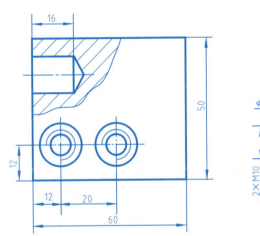
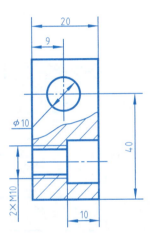

3. 指出下图各部分名称（并在指引线上方注明）。

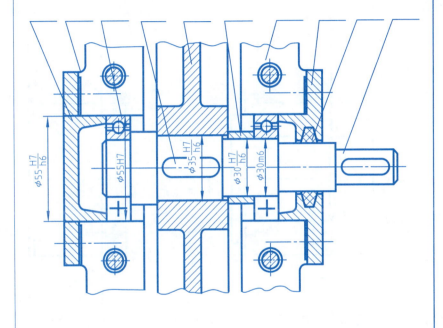

4. 根据零件图的基本尺寸和极限偏差，解释装配图配合代号的意义。

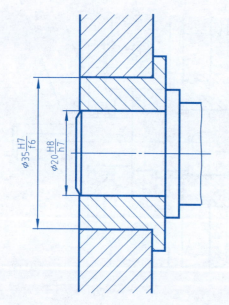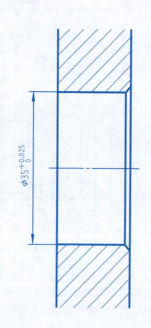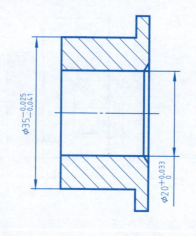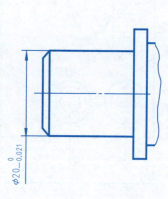

5. 如图所示轴承座，由支承、圆筒、底板三部分组成，如何选取一方向投射更合理？

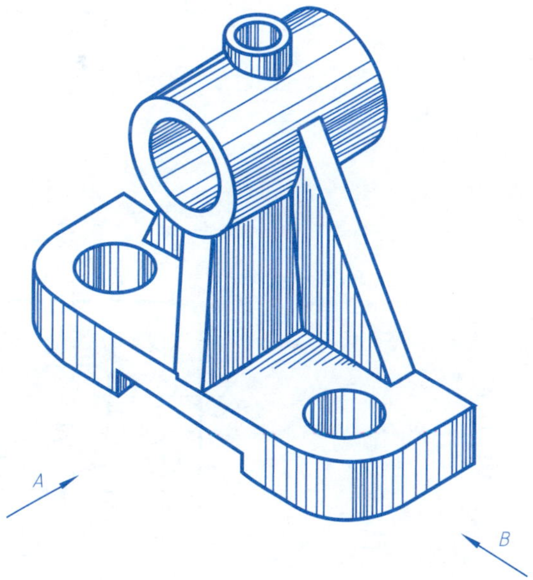

班级　　　　姓名　　　　学号

6. 标注零件尺寸（按图量取整数）。

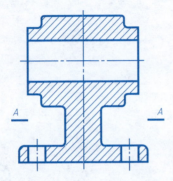 

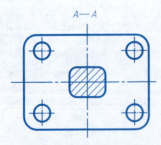

7. 读套筒零件图（见下图），回答下列问题。

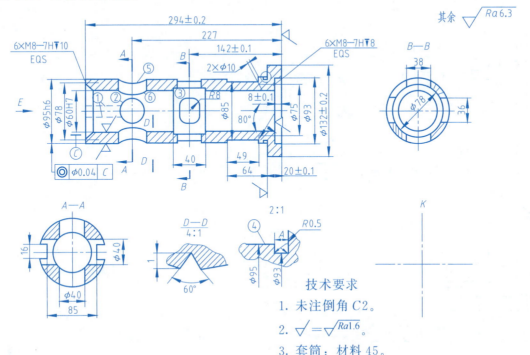

(1) 轴向主要尺寸基准是_____，径向主要尺寸基准是_____。
(2) 图中标有①的部位，所指两条虚线间的距离为_____。
(3) 图中标有②所指的直径为_____。
(4) 图中标有③所指的线框，其定形尺寸为_____，定位尺寸为_____。
(5) 靠右端的 2×φ10 孔的定位尺寸为_____。
(6) 最左端面的表面粗糙度为_____，最右端面的表面粗糙度为_____。
(7) 局部放大图中④所指位置的表面粗糙度是_____。
(8) 图中标⑤所指的曲线是由_____与_____相交形成的_____。
(9) 外圆面 φ132±0.2 最大可加工成_____，最小可为_____，公差为_____。
(10) 补画 K 局部视图。

8. 读蜗轮箱体零件图（见下图），回答下列问题。

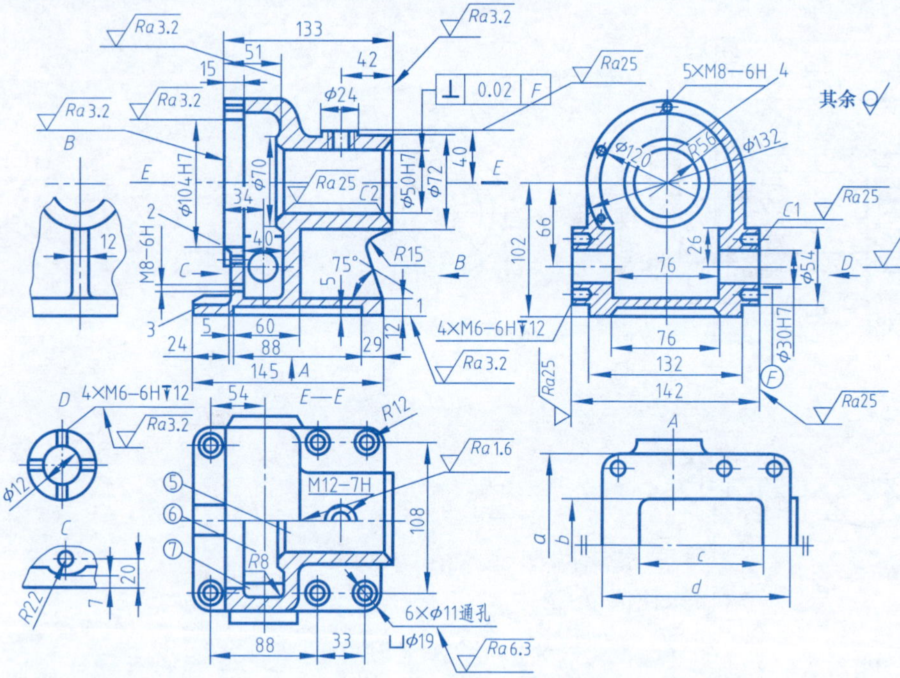

技术要求
1. 底面刮研每 25mm 内不少于 10 点。
2. 未注圆角 Ra。
3. 螺纹表面粗糙度 Ra2.5mm，蜗轮箱体材料 HT200。

(1) 蜗轮箱体共有_____个基本视图和_____个局部视图。
基本视图有_____；
各采用的剖切方法是_____。
(2) 长度方向的主要尺寸基准是_____；
宽度方向的主要基准是_____；
高度方向的主要基准是_____。
(3) 图中标有①处表示的是_____结构，其厚度尺寸是_____。
(4) $\phi 30H7$ 与 $\phi 50H7$ 两孔的中心距离是_____。
(5) 俯视图中标有⑤、⑥、⑦三个面，面_____最高，面_____最低。
(6) C 局部视图中的螺孔尺寸为_____，其定位尺寸为_____。
(7) 图中标有②③④的三个面，他们的表面粗糙度分别为_____。
(8) D 局部视图中 $4\times M6-6H\downarrow 12$ 的定位尺寸是_____。
(9) A 局部视图的尺寸 $a=$_____，$b=$_____，$c=$_____，$d=$_____。
(10) 蜗轮箱体的总长度为_____，总宽度是_____，总高度为_____。

9. 读零件图，标注尺寸（由图量，取整数），标注表面粗糙度。

（切削面 Ra 为 $6.3\mu m$，光孔 Ra 为 $3.2\mu m$，螺纹面 Ra 为 $12.5\mu m$，非切削面为 ✓）

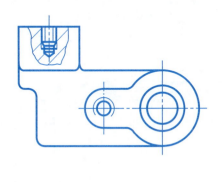
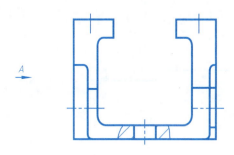
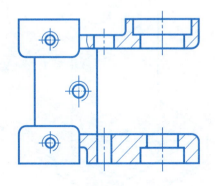
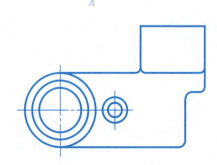

10. 根据给定的表面粗糙度 Ra 值，用代号标注在视图上。

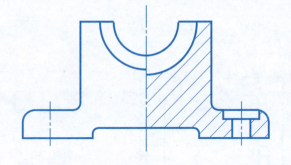

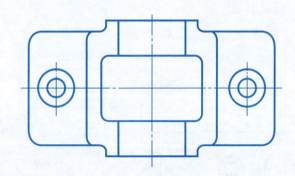

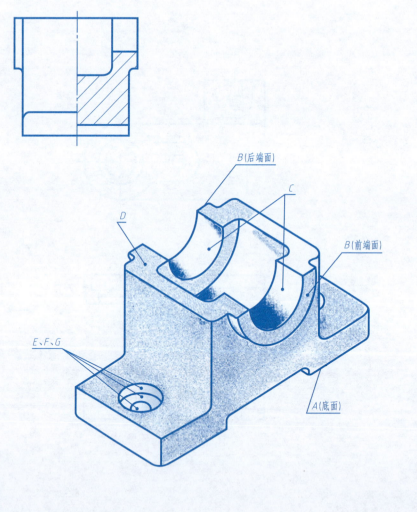

表面	A、B	C	D	E、F、G	其余
Ra 值/μm	12.5	3.2	6.3	25	毛坯面

11. 根据所给条件,填写表内空格。

	基 孔 制					基 轴 制					
	$\phi 50 \dfrac{H7}{s6}$		$\phi 50 \dfrac{H7}{js6}$		$\phi 50 \dfrac{H7}{f6}$		$\phi 50 \dfrac{S7}{h6}$		$\phi 50 \dfrac{JS7}{h6}$		$\phi 50 \dfrac{F7}{h6}$	
	孔	轴	孔	轴	孔	轴	轴	孔	轴	孔	轴	孔
	$\phi 50^{+0.025}_{0}$	$\phi 50^{+0.059}_{+0.043}$	$\phi 50^{+0.025}_{0}$	$\phi 50^{+0.008}_{-0.008}$	$\phi 50^{+0.025}_{0}$	$\phi 50^{-0.025}_{-0.041}$	$\phi 50^{0}_{-0.016}$	$\phi 50^{-0.034}_{-0.050}$	$\phi 50^{0}_{-0.016}$	$\phi 50^{+0.012}_{-0.012}$	$\phi 50^{0}_{-0.016}$	$\phi 50^{+0.05}_{+0.025}$
基本尺寸												
最大极限尺寸												
最小极限尺寸												
上偏差												
下偏差												
公差												
极限间隙或过盈												
配合公差												

12. 根据配合代号在零件图上分别标出轴和孔的偏差值。

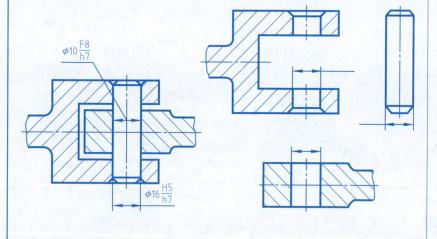
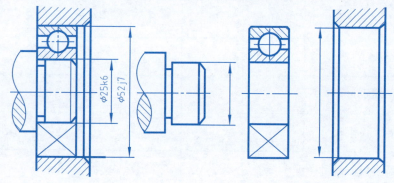

13. 读端盖零件图。

(1) 该零件左端凸缘有几个螺孔？________，其尺寸为________；(2) 该零件左端面有几个沉孔？________，其尺寸为________；(3) 解释 Rc1/4 的意义________；(4) 该零件表面质量有几种不同要求________；(5) 在指定的位置，画出该零件的右视图。

技术要求

1. 铸件不得有砂眼、裂纹。

2. 锐边倒角 C1。

端盖		比例	数量	材料
			1	HT150
制图				
描图				
审核				

班级　姓名　学号

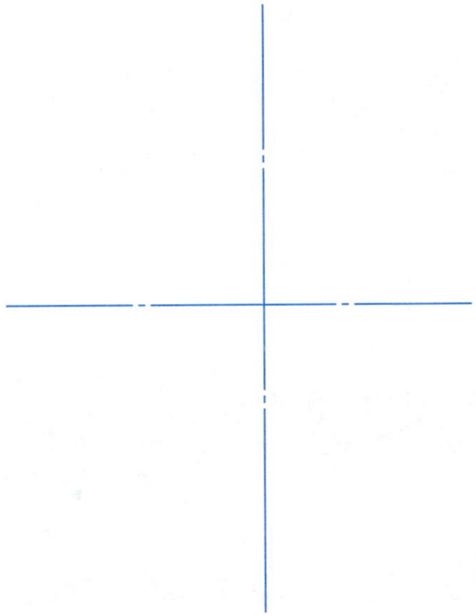

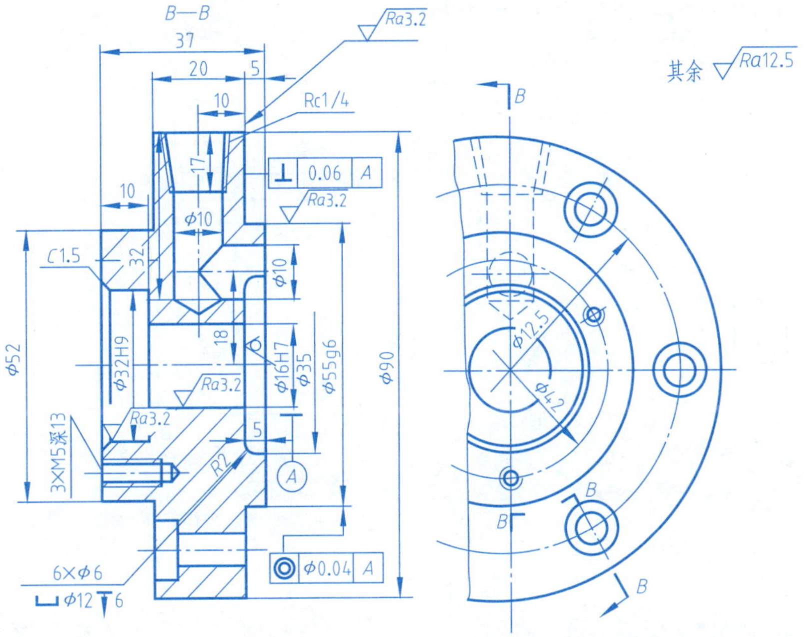

14. 读托架零件图。

(1) 指出长、宽、高三个方向的主要尺寸基准；(2) 解释 ⊥ ∅0.05 A 的意义；(3) 补画左视图。

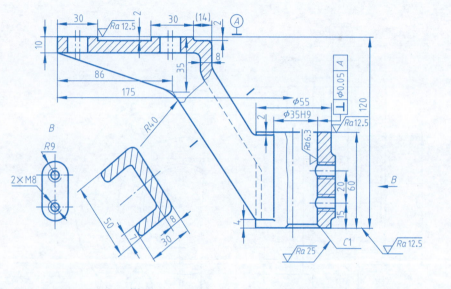

技 术 要 求
1. 未注圆角 $R3\sim5$。
2. 铸件不得有砂眼、裂纹。

15. 读底座的零件图。

要求：(1) 补画左视图外形；(2) 补全所缺的 3 个定位、2 个定形尺寸；(3) 标注各表面的粗糙度符号"√"或"√"。

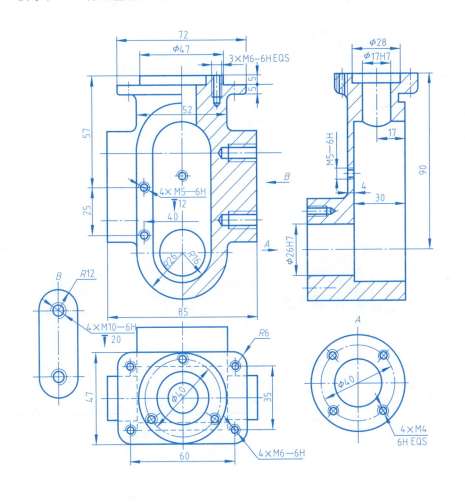

技 术 要 求

1. 未注圆角为 R3。
2. 铸件不得有气孔、砂眼、裂纹等。
3. 起模斜度为 1：50。
4. 除加工表面外，表面涂深灰色皱纹漆。

	底座		比例	数量	材料
				1	HT150
制图					
描图					
审核					

班级　　姓名　　学号

16. 读减速箱盖和箱体的零件图，回答下列问题。

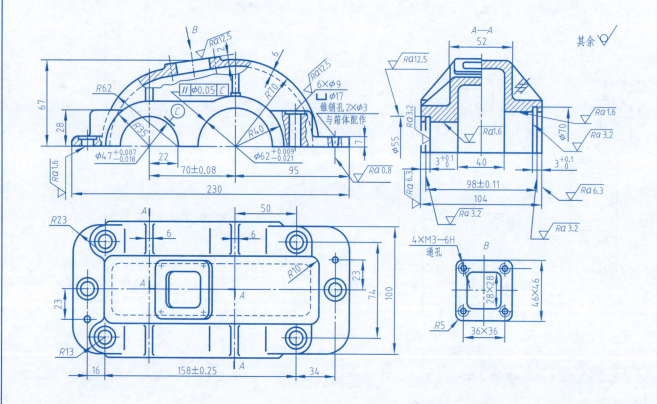

技术要求
1. 未注圆角 $R2\sim3$。
2. 铸件做时效处理。

	箱盖	比例	数量	材料
			1	HT200
制图				
描图				
审核				

16.（续1）

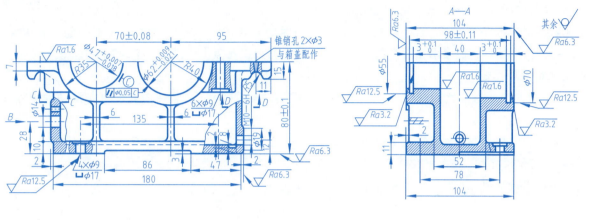
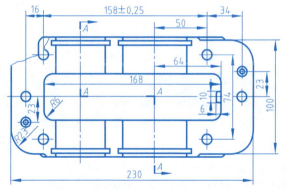
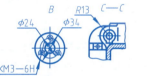

技术要求
1. 未注圆角 R2~3。
2. 铸件做时效处理。

	箱体		比例	数量	材料
				1	HT200
制图					
描图					
审核					

班级　　姓名　　学号

16．(续2)

箱盖：

(1) 箱盖零件共用_____个图形表达，主视图和俯视图主要表达外形，左视图是采用两个_____剖切平面画出的，表达内部形状。主视图上共有_____处局部剖视，B向局部视图表示箱盖上部的_____，它与窥视孔盖由_____个螺钉连接；

(2) 箱盖零件图上的 $2×\phi 3$ 锥销孔定位尺寸是_____，_____；

(3) 主视图上的尺寸 $70±0.08$ 是箱盖两个半圆孔之间的_____尺寸、$\phi 47^{+0.007}_{-0.018}$ 和 $\phi 62^{+0.009}_{-0.021}$ 圆柱内表面（与滚动轴承外圈相配合）的表面粗糙度分别为_____、_____；

(4) 指出箱盖长、宽、高三个方向的主要尺寸基准，并查找主视图中有_____个定位尺寸，俯视图中有_____个定位尺寸。主视图上的尺寸 22 是确定_____圆的位置的定位尺寸；

(5) 代号 ∥ $\phi 0.05$ C 指 ϕ_____ 的轴线对孔 ϕ_____ 的轴线的_____公差为_____mm。

箱体：

(1) 箱体零件共有_____个图形表达。主视图上有_____处局部剖，C—C 和 D—D 局部剖视表示_____个 ϕ_____ 的沉孔内部结构，C—C 剖视图中的小圆是_____孔的位置；

(2) 指出箱体长、宽、高三个方向的主要尺寸基准，查找主视图上有_____个定位尺寸，俯视图上有_____个定位尺寸，左视图上有_____个定位尺寸；

(3) 箱体零件图有_____处尺寸注有极限偏差数值，说明它们与其他零件有_____关系，其中表面粗糙度要求最高，为 Ra 的上限值_____ μm；

(4) 为增加上下两部分的强度，中部设有_____条加强肋，在左视图上用_____图表达；

(5) 油槽左壁 $\phi 14$ 观察孔的结构形状和尺寸由_____图表示。右壁下部 M10—6H（放油孔）左边凹坑的尺寸：长_____、宽_____、深_____。

第10章 装 配 图

1. 根据滑动轴承装配图，回答以下问题。

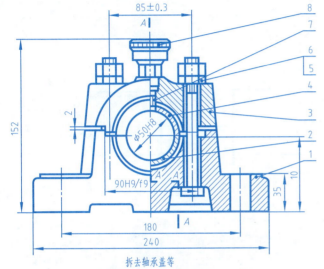
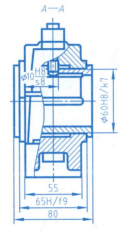
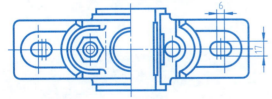

规格尺寸_____
外形尺寸_____
装配尺寸_____
安装尺寸_____

技 术 要 求

用涂色检查：下轴衬与轴承座之间的接触面积不少于总接触面积的50％，上轴衬与轴承盖的接触面积不少于40％。

8	JB/T 79403	油杯	1		825
7	09 02 05	套	1	45	
6	GB/T 6170	螺母	1	45	M12
5	GB/T 5782	螺栓	2	45	M12×111
4	09 02 04	轴衬	1		
3	09 02 03	轴承盖	1	7150	
2	09 02 02	下轴衬	1		
1	09 02 01	轴承座	1	HT150	
序号	代 号	名称	数量	材料	备注

滑动轴承　　1:1　　09 02 00

制图　　　　（校　名）
审核

2. 解释配合代号的含义,查表得到偏差值后标注在零件图上。

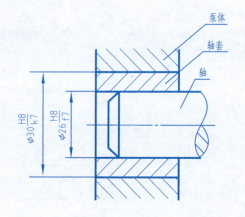
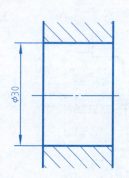
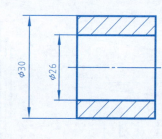
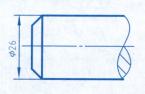

(1) 轴套与泵体孔 $\phi 30 \dfrac{H8}{k7}$

基本尺寸_____,基_____制;

公差等级:轴 IT_____级,孔 IT_____级,_____配合;

轴套:上偏差_____;下偏差_____;

泵体孔:上偏差_____;下偏差_____。

(2) 轴套与轴 $\phi 26 \dfrac{H8}{f7}$

基本尺寸_____,基_____制;

公差等级:轴 IT_____级,孔 IT_____级,_____配合;

轴套:上偏差_____;下偏差_____;

轴:上偏差_____;下偏差_____。

3. 读装配图作业。
(1)
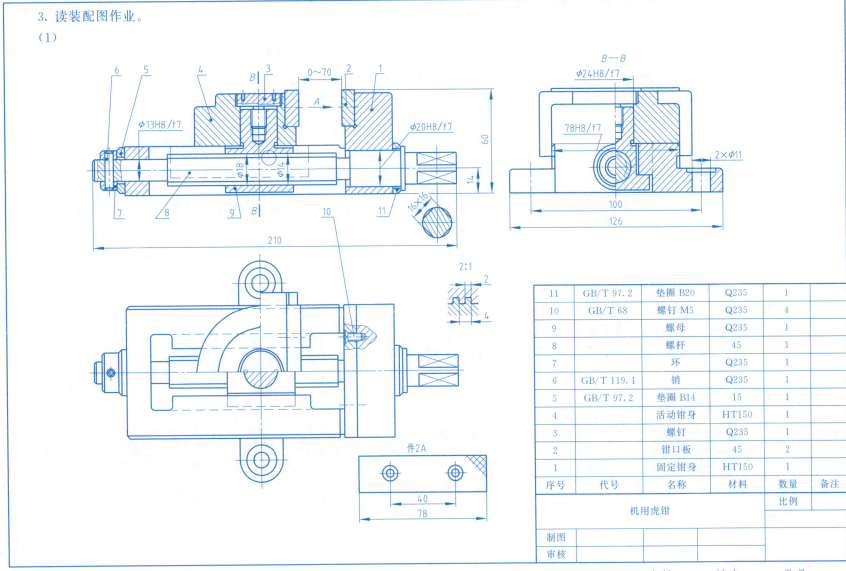

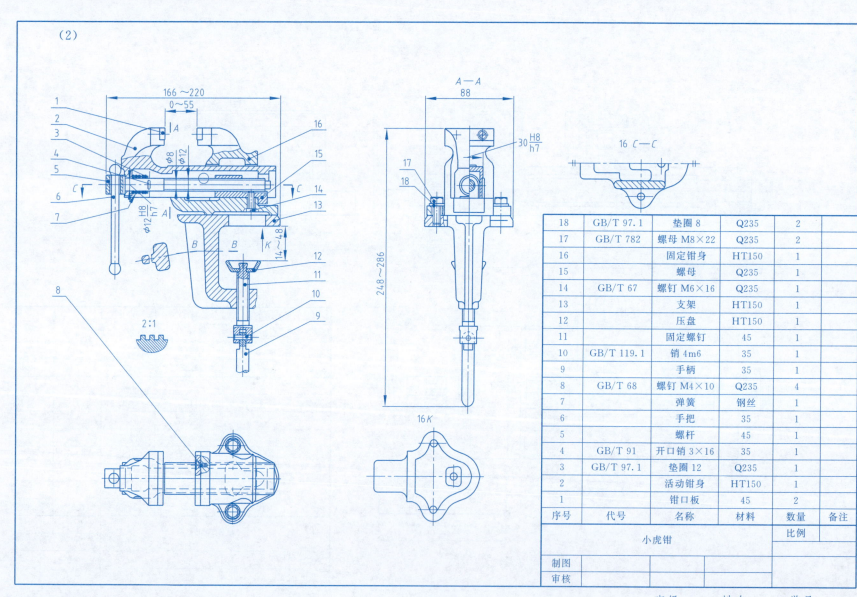

3.（续）

(1) 机用虎钳

① 作业内容和要求

根据机用虎钳的装配图拆画出固定钳身和活动钳身的零件图。

② 工作原理

机用虎钳是用来夹紧零件进行加工的一种常用夹具。

当用扳手转动螺杆 8 时，螺杆带动方形螺母 9 使活动钳身 4 沿固定钳身作直线运动。方形螺母与活动钳身用螺钉 3 连成一体。通过钳身的运行使钳身上的钳口板 2 靠近或离开，以便于夹紧或松开要加工的零件。

③ 作业提示

a. 要仔细看懂装配图

b. 画零件图时，选择视图要全面考虑，不能照抄装配图上的改零件所采用的表达方法。

c. 比例和图幅可自定，但必须符合标准。

d. 零件图上的尺寸，除装配图上的某些重要尺寸已给出外，其余的可根据图上已给的比例尺从图上直接量取，取整数。注尺寸应齐全，并力求清晰合理。

(2) 小虎钳

① 作业内容和要求

根据小虎钳装配图拆画出固定钳身和活动钳身的零件图。

② 工作原理

小虎钳是钳工工作台上夹持工件的工具。它主要是由固定钳身 16、活动钳身 2、固定螺杆 11、支架 13 等零件组成。

工作时，把支架支承在工作台上，并用螺钉 17 固定钳身。当旋转螺杆时，可带动活动钳身移动，用两个钳口板 1 夹紧或松开工件。

③ 作业提示

a. 要仔细看懂装配图。

b. 画零件图时，选择视图要全面考虑，不能照抄装配图上的该零件所采用的表达方法。

c. 比例和图幅可自定，但必须符合标准。

d. 零件图上的尺寸，除装配图上的某些重要尺寸已给出外，其余的可根据图上已给的比例尺从图上直接量取，取整数。注尺寸应齐全，并力求清晰合理。

4. 读装配图作业。

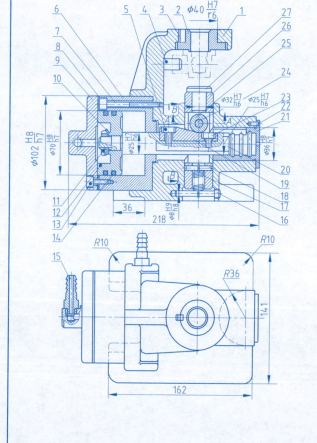
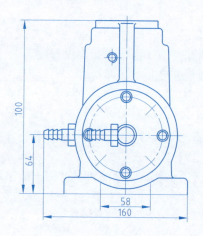

27		支撑块	45	1	
26		顶杆	45	1	
25		滚轮	T10A	1	
24		轴	T10A	1	
23	GB/T 70.1	螺钉 M5×10	Q235	1	
22	GB/T 119.1	销 φ6×10	Q235	1	
21		滑套	45	1	
20		阀杆	45	1	
19		楔	T10A	1	
18	GB/T 119.1	销 8m6×30	Q235	1	
17		弹簧	65Mn	1	
16		销	45	1	
15		气嘴	黄铜	2	
14		O型密封圈	Q235	2	
13	GB/T 70.1	螺钉 M8×25	Q235	4	
12		活塞	HT150	1	
11	GB/T 812	螺母 M16	Q235	1	
10	GB/T 848	垫圈	Q235	1	
9		缸盖	HT150	1	
8		垫	石棉	1	
7	GB/T 70.1	螺钉 M5×65	Q235	1	
6		缸体	HT150	1	
5	GB/T 70.1	螺钉 M5×16	Q235	1	
4		挡头	Q235	1	
3	GB/T 1096	键 C6×16	Q235	1	
2		导套	45	1	
1		铰具体	HT150	1	
序号	代号	名称	材料	数量	备注
		铰具		比例	
制图					
审核					

班级　　姓名　　学号

4．（续）

(1) 作业内容和要求

根据铰具装配图拆画出铰具体的零件图。

(2) 工作原理

铰具是工件钻孔后进行精加工铰孔的夹具。该铰具是气动的。工作时，高压气体从气嘴 15 进入气缸体 6，在气体压力下推动活塞 12 向右移动，并推动推杆 20。推杆上装有带弧面的楔 19，楔随推杆移动，通过楔的弧面及滚轮 25、轴 24 的传动，将顶杆 26、支撑块 27 推向上移，将需要铰孔的工件夹紧。为防止工件加工时转动，在夹具体上方装有挡头 4。为避免导套 2 随铰刀转动，导套与铰具体采用过渡配合，并加装键 3。一个工件加工完后，从另一气嘴通入高压气，同时将气嘴 15 与低压气接通，促使活塞恢复原位。用弹簧 17 保证滚轮 25 与楔的弧面良好接触和减少冲击。

(3) 作业提示

a. 零件图的比例和图幅可根据表达的需要灵活选用，但要符合标准。

b. 要充分应用所学的各项知识，认真仔细地注写尺寸和表面粗糙度。

(4) 读图思考题

a. 对照装置图和工作原理简介，说明铰具的作用和组成部分，分析铰具用了哪些表示方法，各图形的名称和表达目的。

b. 铰具有几条装配干线，每条干线中各零件间是如何定位和连接的？分析主要零件的结构特点。

c. 分析铰具的尺寸，各属于哪一类？

d. 根据配合代号，分析零件之间的配合种类。

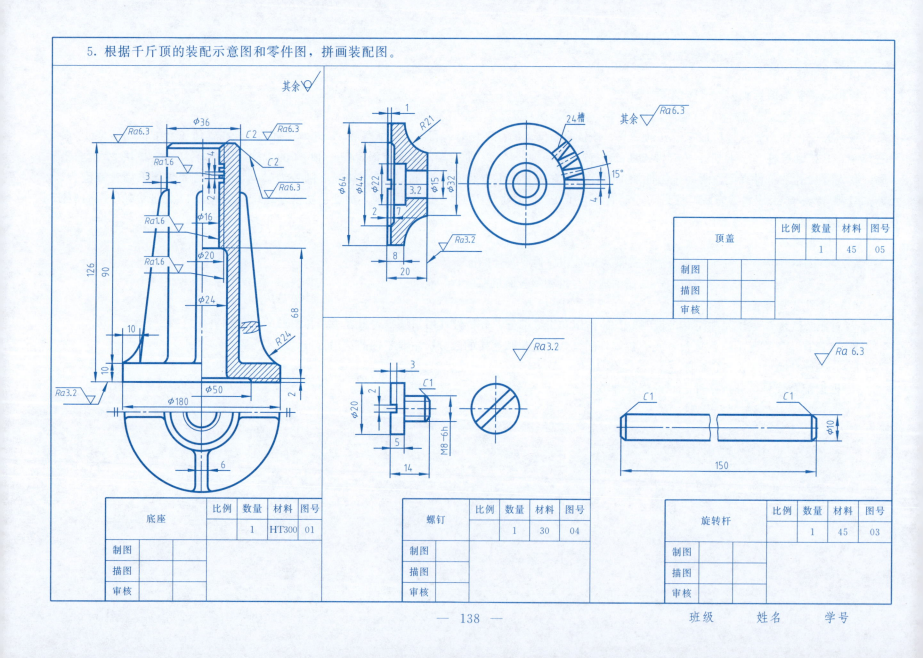

5.（续）

作业指导

（1）作业目的：
① 熟悉和掌握装配图的内容和表达方法。
② 了解绘制装配图的方法。

（2）内容与要求：
① 按教师指定的题目，根据零件图绘制1～2张装配图。
② 图幅和比例由教师指定。

（3）注意事项（画图步骤）：
① 初步了解：根据名称和装配示意图，对装置体的功能进行初步分析，并将其与相应的零件序号对照，区分一般零件与标准件，并确定其数量，分析装配图的复杂程度及大小。
② 详读零件图：根据示意图详读零件图，进而分析装配顺序、零件之间的装配关系、连接方法，搞清传动路线、工作原理。
③ 确定表达方案：选择主视图和其他各个视图。
④ 合理布图：先画出各视图的画图基准线（主要装配干线、对称线等）。
⑤ 注意相邻零件剖面线的画法。标注尺寸，填写技术要求，编写零件序号。

千斤顶的装配示意图

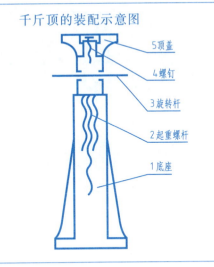

千斤顶工作原理

千斤顶是顶起重物的工具。使用时，按顺时针方向转动旋转杆3，使起重螺杆2向上升起，通过顶盖5将重物顶起。

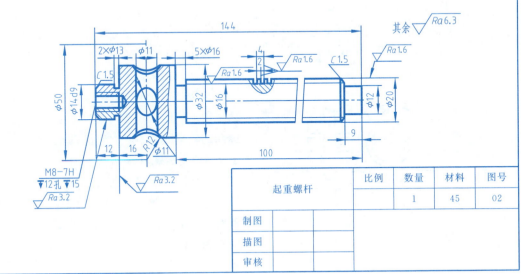

6. 读拆卸器的装配图

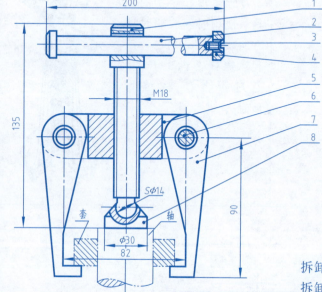

(1) 该拆卸器是由_____种共_____个零件组成；
(2) 主视图采用了_____剖和_____剖，剖切平面与俯视图中_____的重合，故省略了标注，俯视图采用了_____剖；
(3) 图中双点划线表示_____，是_____画法；
(4) 图中件2是_____画法；
(5) 图中有_____个10×60的销，其中10表示_____，60表示_____；
(6) Sϕ14 表示_____形的结构；
(7) 件4的作用是_____；
(8) 拆画零件1和5的零件图。

拆卸器工作原理

拆卸器用来拆卸紧密配合的两个零件。工作时，把压紧垫8触至轴端，使爪子7勾住轴上要拆卸的轴承或套，顺时针转动把手2，使压紧螺杆1转动，由于螺纹的作用，横梁5此时沿螺杆1上升，通过横梁两端的销轴，带着两个爪子7上升，直至将零件从轴上拆下。

8	压紧垫	1	45	
7	爪子	2	45	
6	销 10×60	2		GB/T 119.1—2000
5	横梁	1	Q235-A	
4	挡圈	1	Q235-A	
3	沉头螺钉 M5×8	1		GB/T 68—2000
2	把手	1	Q235-A	
1	压紧螺杆	1	45	
序号	名称	数量	材料	备注
拆卸工具		比例	共 张	
		质量	第 张	
制图	(姓名)	(日期)		
设计				
审核				

7. 读钻模的装配图

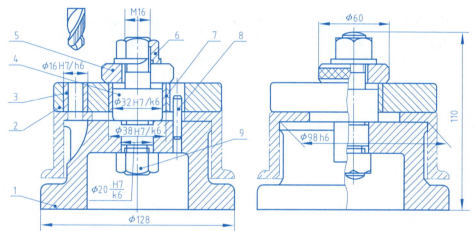

工作原理

钻模是用于加工工件（图中用双点划线所示的部分）的夹具。把工件放在件1底座上，装上件2钻模板，钻模板通过件8圆柱销定位后，再放置件5开口垫圈，并用件6特制螺母压紧。钻头通过件3钻套的内孔，准确地在工件上钻孔。

9	螺母 M16	1		GB/T 6710—1986
8	销 5×30	1		GB/T 119.1—2000
7	衬套	1	45	
6	特制螺母	1	35	
5	开口垫圈	1	45	
4	轴	1	45	
3	钻套	3	T8	
2	钻模板	1	45	
1	底座	1	HT150	
序号	名称	数量	材料	备注
钻模		比例	共10张	7-01
		质量	第1张	
制图				
设计				
审核				

班级　　姓名　　学号

7.（续）

解答问题：

(1) 该钻模是由_____种共_____个零件组成；

(2) 主视图采用了_____剖和_____剖，剖切平面与俯视图中的_____重合，故省略了标注，左视图采用了_____剖视；

(3) 零件1底座的侧面有_____个弧形槽，与被钻孔工件定位的尺寸为_____；

(4) 钻模板2上有_____个 $\phi 16H7/h6$ 孔，件号3的主要作用是_____。图中双点划线表示_____，是_____画法；

(5) $\phi 32H7/k6$ 是件号_____和件号_____的配合尺寸，属于_____制的配合，H7表示_____的公差带代号，k表示件号_____的_____代号，7和6代表_____；

(6) 三个孔钻完后，先松开_____，再取出_____，工件便可以拆下；

(7) 与件号1相邻的零件有_____（只写出件号）；

(8) 钻模的外形尺寸：长_____、宽_____、高_____；

(9) 拆画件号4（轴）的零件图。

轴的零件图：

第 11 章　计算机绘图

1. 选择题

(1) 对图样进行尺寸标注时，下列中不正确的做法是（　　）。
　　A. 建立独立的标注层　　　　B. 建立用于尺寸标注的文字类型
　　C. 设置标注的样式　　　　　D. 不必用捕捉标注测量点进行标注

(2) 新建标注样式的操作不使用对话框的操作步骤是（　　）。
　　A. 单击"标注样式"命令　　B. 为新建标注的样式命名
　　C. 设置文字　　　　　　　　D. 设置直线与箭头

(3) 利用"新建标注样式"对话框，在"主单位"选项卡中设置十进制小数分隔符。下列中无效的分隔符是（　　）。
　　A. 句点（.）　B. 分号（;）　C. 斜线（/）　D. 逗点（,）

(4) 利用"新建标注样式"对话框"文字"选项卡，调整尺寸文字标注位置为任意放置时，应选择的参数项是（　　）。
　　A. 尺寸线旁边　　　　　　　B. 尺寸线上方加引线
　　C. 尺寸线上方不加引线　　　D. 标注时手动放置文字

2. 填空题

(1) 在"新建标注样式"对话框"公差"选项卡中设置的公差标注方式有＿＿＿＿、＿＿＿＿、＿＿＿＿、＿＿＿＿。

(2) 公差标注选项为极限偏差时，精度应设置为＿＿＿＿，高度比例为＿＿＿＿，垂直位置为＿＿＿＿。

(3) 半径标注是由一条具有指向＿＿＿＿或＿＿＿＿的箭头的半径尺寸线组成。

(4) 连续标注是指一系列＿＿＿＿相连的尺寸标注，其中，相邻的两个尺寸标注间的尺寸界线作为＿＿＿＿尺寸界线。

3. 简答题

(1) 在建立尺寸标注样式时，为什么要设置相应的文字样式？

(2) 怎样使角度标注符合我国的制图标准，使其水平放置？

(3) 几何公差标注步骤有哪些？

(4) 怎样利用夹点调整所标注尺寸的位置？

4. 操作题

(1) 画图1的零件图并标注尺寸与公差。

(2) 画图2的零件图并标注尺寸与公差。

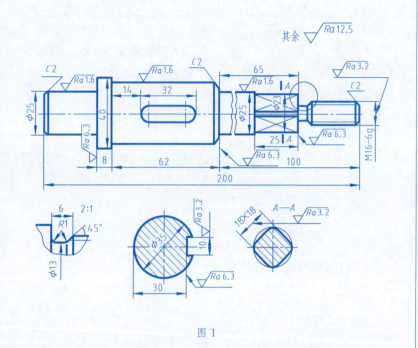

图1

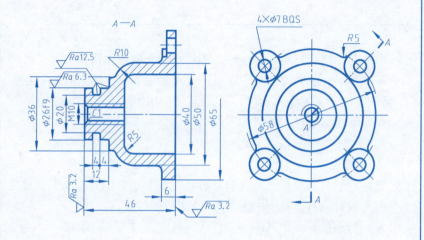

图2

(3) 绘制如图 3 所示的平面图形。

(4) 绘制如图 4 所示的平面图形。

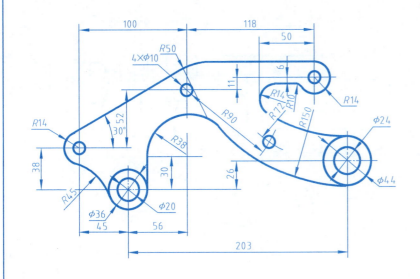

图 3

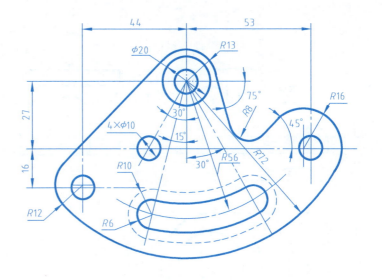

图 4

(5) 绘制如图 5 所示的三视图。

(6) 绘制如图 6 所示的三视图。

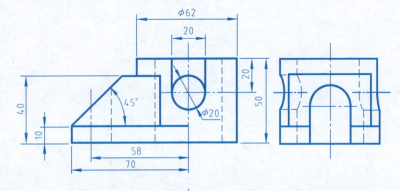

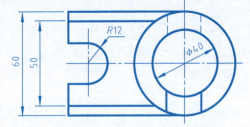

图 5

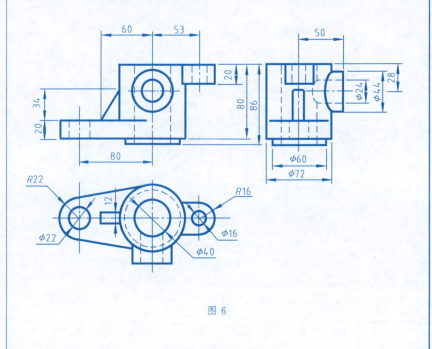

图 6

参 考 文 献

[1] 王其昌. 机械制图习题集. 北京：人民邮电出版社，2006.
[2] 张国珠. 工程制图习题集. 北京：北京理工大学出版社，2007.
[3] 陆英. 机械图样的识读与绘制习题集. 3版. 北京：化学工业出版社，2022.